フレッシュ生物学

アクティブラーニングで
生物学的な考え方を身につけよう

著／鯉淵典之，山本華子

採用特典　本書を教科書として採用いただいた先生へ．アクティブラーニング講義にお役立ていただける「教員用講義シナリオ」をご提供いたします．詳細は下記の羊土社ホームページをご覧いただくか，E-mail：textbook@yodosha.co.jp までお問い合わせください．

https://www.yodosha.co.jp/textbook/book/6777/

【注意事項】**本書の情報について**

本書に記載されている内容は，発行時点における最新の情報に基づき，正確を期するよう，執筆者，監修・編者ならびに出版社はそれぞれ最善の努力を払っております．しかし科学・医学・医療の進歩により，定義や概念，技術の操作方法や診療の方針が変更となり，本書をご使用になる時点においては記載された内容が正確かつ完全ではなくなる場合がございます．また，本書に記載されている企業名や商品名，URL等の情報が予告なく変更される場合もございますのでご了承ください．

序

　大学教育は大きな変革の時を迎えています．社会からは「何を学んだか」ではなく，「何を身につけたか（学修成果）」が問われる時代となり，大学はその期待に応える教育を提供する必要があります．確実に学修成果をあげ，より高次の学修や実務で活用できる卒業生を育成するためには，学生が自ら課題を見つけ，学ぶ習慣を身につけられる教育プログラムを構築することが重要です．

　このような学ぶ習慣の体得は，従来の講義型の知識伝授では困難です．そこで必要となるのが，「能動学習（アクティブラーニング）」です．能動学習というと，PBL（Problem-Based Learning または Project-Based Learning）をイメージするかもしれません．PBLの導入には熟練したファシリテーターやチュータートレーニングが求められ，手間や時間を考えると授業への導入をためらう教員もいるでしょう．

　実は，能動学習や双方向授業は，そこまで体系的な準備をしなくても，ちょっとした工夫ではじめることが可能です．本書は，そのためのエッセンスを詰め込んだテキストです．

　本書を活用することで，以下のような授業運営が可能になります．

- 教員の問いかけから授業を開始し，学生の反応を見ながら進行する．
- 学生間での討論をとり入れ，学生自身が課題を解決できるよう促す．

　これにより，学生は能動的に学ぶ習慣を自然と身につけることができます．

　本書の対象は大学に入学した直後の初年次学生で，特に高校で生物学を未履修の学生を想定しています．本書を活用した授業では，高校で学ばなかった知識の伝授だけでなく，緊張感を保ちながら能動的に学ぶ体験を提供できます．その結果，知識の確実な定着が期待できます．

　また，本書は主に医学・医療系の学生が使うことを想定していますが，生命科学全般を学ぶ学生にも十分対応できる内容となっています．

　これまで能動学習の手法を学ぶための教科書は存在していましたが，能動学習を用いて特定の科目を教える実践的な教科書はほとんどありませんでした．本書は，そのギャップを埋めるための一冊です．

　本書をもとに，多くの教員が明日から能動学習をはじめていただければ幸いです．

2024年12月

鯉淵典之

本書の使い方

　本書は，生物学未履修の学生を対象に，生物学的な知識を得るというよりも，教員や学生間の話し合い学習（アクティブラーニング）によって，生物学的な考え方を身につけてもらうことを目的に作成されました．本書には話し合い学習に必要な最低限の情報だけが記載されています．さらに知識を得るためには自己学習が不可欠です．しかし，本書を通じた学習により，数学や物理学とは異なる生物学的な考え方に立脚した生命現象の理解が深まることは間違いありません．

　では具体的にどのように本書を利用するのか，おすすめの方法を紹介します．

① まずは自分の知識を確認しましょう

　予習は必要ありません．教員の問いかけ内容をもとに，まずは自分の知識を確認し，クラスメートと共有しましょう．

② 積極的に発言しましょう

　教員は正解を必ずしも期待していません．むしろ皆さんがどれくらいの生物学的知識をもっているのかを確認したいと思っています．教員からの問いかけには誤りを恐れず積極的に発言しましょう．クラスの知識レベルによってその後の授業内容が変わってきます．

③ 教員から指示があったら教科書を開きましょう

　皆さんの知識や考え方で足りない部分が見つかった場合，教員からその部分を使ったミニレクチャーや簡単な解説などが行われます．本書はその際の参考にしてください．

④ わからない用語を確認しましょう

　授業で用いるキーワードについてはほとんどが本書に網羅されているはずです．教員がそれらの用語を説明なしに用いることもあります．ミニレクチャーや討論のなかでわからない用語があった場合，本書で確認してください．

⑤ グループ討論に活用しましょう

　話し合い学習では頻繁にグループ討論が行われます．討論の際はキーワードで示された用語が「共通語」となります．正しい用語を用いてグループ討論を行いましょう．

⑥ 発表やレポート作成に活用しましょう

　本書を通じてキーワードの理解は進むはずです．その知識を活用して出された課題の発表資料やレポートを作成しましょう．もちろん本書の情報だけでは

十分ではありません．キーワードをもとにWebや他の教科書を探索し，正しい情報を獲得しましょう．

本書を活用した授業で獲得した生物学的な考え方や学びの姿勢は，大学でのこれからの学習に大きなプラスとなるはずです．本書を使った授業によって次のような力がつくことを期待しています．

① 生物学的な考え方
生物学は数学や物理学と異なり，答えが1つではない，または正解がわかっていないことが多くあります．その不確実さを受け入れたうえで，生命現象を考えることができるようになります．

② 積極性
話し合い学習では自ら発言しない限り，授業は成立しません．誤りを恐れず積極的に発言することで，授業は皆さんにとって実りあるものになります．また，習得した積極性は，これからの大学の授業にも役立ちます．

③ 能動的に学習する力
大学の授業では，学ぶべき内容のほんの一部しか教えてもらえません．膨大な情報のなかから取捨選択して，必要な情報を引き出し，知識とするのは皆さん自身です．

④ コミュニケーション能力
話し合い学習を通して，他者の話をしっかりと聞く，相手の意見に共感を示す，自分とは異なる意見も受容する，相手にわかるように説明する，グループ内の意見をすり合わせる，などの能力を身につけることができます．

⑤ 正しい用語と考え方をもとに文章を作成する力
キーワードの意味を正しく理解することで，正確な情報を得ることができます．また，その情報をもとに論理的な文章を書くトレーニングを積むことができます．

それでは，本書を使った授業を教員とともに楽しんでください．

フレッシュ生物学

アクティブラーニングで生物学的な考え方を身につけよう

contents

序
本書の使い方

序章　生物とは　　　　　　　　　　　　　　　　　　　　8
1　生物を規定するもの　8／2　生物に特異的な性質　10

1章　細胞の構成　　　　　　　　　　　　　　　　　　　14
1　細胞を構成する構造　14／2　細胞の機能の概要　21

2章　生き物の観察　　　　　　　　　　　　　　　　　　26
1　観察から結論に至るまでの過程　26

3章　正常値の意味するところ　　　　　　　　　　　　　33
1　生物学的用語　33／2　生物学に必要な数学用語　34／
3　正常値ではなく基準値　37

4章　体の中の水と膜を介した物質移動　　　　　　　　　39
1　物質の濃度を示す単位　40／2　体液を学ぶ際に必要な物理・化学的用語　41／
3　細胞膜を隔てた物質の輸送　44

5章　細胞分裂　　　　　　　　　　　　　　　　　　　　49
1　染色体　49／2　体細胞分裂（有糸分裂）　51／3　細胞周期　56

6章　生殖　　　　　　　　　　　　　　　　　　　　　　59
1　無性生殖と有性生殖　59／2　減数分裂と接合子の形成　62／
3　ヒト生殖腺の構造　65／4　ヒト外性器の構造　68／
5　ヒト性周期と排卵　69／6　生殖腺に作用するホルモン（性ホルモン）　71

7章　生物の発生と細胞の分化　　　　　　　　　　　　　74
1　個体の発生　75／2　個体を構成する組織　80／3　幹細胞　84

contents

8章 種とは何か　88
1 種の定義と必要な要素　88／2 種の分化と隔離　90／
3 雑種と亜種　92／4 生物の分類　94／5 生物名の表記方法　98

9章 タンパク質・炭水化物・脂質　100
1 タンパク質とアミノ酸　100／2 炭水化物　105／3 脂質　108／
4 生体内で重要なタンパク質・糖質・脂質の特殊機能　113

10章 環境と体内のエネルギー循環　119
1 生態系の物質循環　119／2 生体の代謝　125

11章 遺伝・遺伝子と進化の基本　137
1 遺伝と遺伝子　137／2 遺伝子の本体：DNAとRNA　140

12章 酸と塩基　152
1 ヒト体液pH調節の概要　152／2 生体における酸と塩基　153／
3 酸塩基平衡の異常：アシドーシスとアルカローシス　159

13章 生体の防御機構　162
1 外来性異物に対する生体防御のしくみ　162／2 免疫にかかわる細胞　163／
3 上皮のバリア機構　165／4 自然免疫　166／5 獲得免疫　168／
6 抗原抗体反応　169／7 サイトカイン　170／8 アレルギー　171／
9 ワクチン　172

14章 情報の伝達　175
1 シグナル伝達　175／2 受容体と受容器　177／
3 細胞膜を介する物質輸送　180／4 主なシグナル伝達物質の種類と性質　183

15章 ヒトの進化　189
1 進化の定義と進化論　189／2 自然選択　190／3 突然変異　192／
4 ヒトの進化　196

　　索引　201

■正誤表・更新情報
本書発行後に変更，更新，追加された情報や，訂正箇所のある場合は，下記のページ中ほどの「正誤表・更新情報」からご確認いただけます。
https://www.yodosha.co.jp/yodobook/book/9784758121781/

■本書関連情報のメール通知サービス
メール通知サービスにご登録いただいた方には，本書に関する下記情報をメールにてお知らせいたしますので，ご登録ください。
・本書発行後の更新情報や修正情報（正誤表情報）
・本書の改訂情報
・本書に関連した書籍やコンテンツ，セミナー等に関する情報
※ご登録には羊土社会員のログイン／新規登録が必要です

ご登録はこちらから

序章 生物とは

生物について考えよう！

「生物とは？」という根源的な問いに，皆さんはどう答えますか．実は高校の教科書を見てもはっきりとは書いてありません．おそらく，「生物」という言葉を聞いて，それぞれが異なったイメージをもつことと思います．もちろん何となくこれが生物，これが非生物と分けることはできるでしょう．しかし，決定的な違いはどこにあるでしょうか．また，今後「意思をもつコンピューター」ができ，自分の意見を勝手気ままに発信しはじめたとき，これを「生物ではない」と言い切れるでしょうか．コンピューターディスプレイのなかだけに存在し，意思をもって「生きる」モノをつくることも可能になるでしょう．それも生物ではないと言い切れるでしょうか．

序章では，まず生物学を学ぶうえで必要になる考え方や基本的な用語を学びます．

1 生物を規定するもの

a 進化

生命の誕生から今までの生物の変化のこと．体内には38億年にわたり獲得した遺伝情報が蓄積されているが，その情報は一定ではない．情報は常に変化している．変化した遺伝情報が次の世代へ伝えられることを**進化**とよぶ．

b 遺伝的プログラム

生物の場合，**核酸**を選択し用いた．核酸は五炭糖・リン酸・塩基を構成単位とする**ヌクレオチド**からなり，それらヌクレオチド間は共有結合でつながった直鎖状の構造を形成している（**図1**）．五炭糖の種類がデオキシリボースかリボースかによって，**DNA**（デオキシリボ核酸）と**RNA**（リボ核酸）に分かれる．一部のウイルスを除き，大多数の生物において遺伝的プログラムはDNAの塩基配列という形で暗号化されて保存されている．

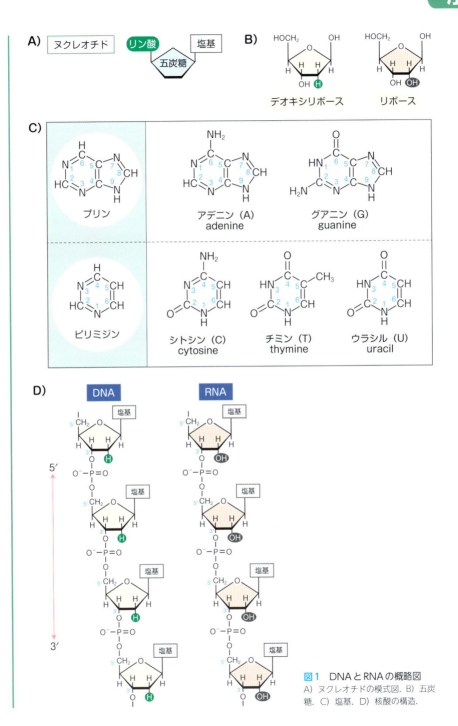

図1 DNAとRNAの概略図
A) ヌクレオチドの模式図. B) 五炭糖. C) 塩基. D) 核酸の構造.

c 階層的に配列されたシステム

核酸・酵素・膜脂質など特異的な構成をもち，ATPによるエネルギー産生など特異的な反応系を有する細胞は生命の最小単位である．細胞には，核を有する真核細胞と核をもたない原核細胞があるが，いずれの細胞も遺伝情報の本体である核酸をもち，脂質二重層で構成された細胞膜を有している点において共通している（1章参照）．

細胞は外界から必要な物質をとり入れ，それらをもとに新たな物質を合成する一方で，とり入れた物質や新たに合成した物質の分解も行っている．これらの合成や分解にかかわる化学反応全体を代謝とよぶ．2dで述べるように，代謝は生合成の経路である同化と分解過程である異化からなる．例えば，酸素存在下でグルコースを分解する細胞呼吸は異化であり，二酸化炭素と水に加えて生体のエネルギー通貨であるATPを産生する．それに対して核酸や脂質の合成，また代謝反応を担うさまざまな酵素タンパク質の合成は同化であり，この反応にはATPが消費されている．細胞内ではこのような化学反応が何千も進行しており，それらは階層的に配列された精密かつ複雑なシステムを構築して，細胞内の物質変換とエネルギー循環を管理している．

2 生物に特異的な性質

a 二元性

生物は遺伝子型（genotype）と表現型（phenotype）をもつ．遺伝子型にもとづき，表現型がつくられるが，環境により強く影響される．遺伝子型は遺伝子の本体であるDNAの塩基配列にもとづく設計図であり，RNAに転写され，タンパク質に翻訳されることで表現型となる（遺伝子の発現）．ただし，すべての細胞で同じタンパク質がつくられるわけではない．それぞれの細胞がおかれている環境（細胞同士の接着，他の細胞から分泌される活性化因子，温度，間質の物質組成など）によって，発現するタンパク質の種類や量，タンパク質の修飾状態が変化する．

b 普遍性と多様性

生物はすべての生物に共通する性質と，それぞれの生物ごとに異なる性質を有する．本項で述べているような性質は生物に普遍的に存在する性質*であるが，それぞれの種（種については8章で述べる）に特異的な性質もある．例えば，シロナガスクジラの体長は20 mを超えるが，ヒトの体長は2 m弱であり，

ゾウリムシの大きさは約 0.002 m（2 mm），大腸菌は約 0.000003 m（3 μm）など，体の大きさは種によって特異的である．

> ＊生物に普遍的に存在する性質
> 　細胞で構成されていること，生命活動のために ATP エネルギーを利用すること，遺伝物質として DNA をもつこと，体内の状態を一定に保つこと，刺激に反応すること，進化すること．

c 調節機構

体内や細胞内の環境を一定に保つため，さまざまな調節機構をもつ．体内の環境が一定に保たれることを**ホメオスタシス**（homeostasis；**恒常性**）とよぶ．またホメオスタシスを維持するための調節系として，**フィードバック調節**がある．

d 特異的な化学反応

体内ではさまざまな化学反応が生じる．1 つ 1 つの化学反応は試験管内でも起こすことができるが，生物に普遍的な階層性をもって生じる．生体内で生じるエネルギー移動を伴う化学反応（系）を**代謝**とよぶ．代謝のうち，エネルギーを使って単純な物質を複雑な構造にする（アミノ酸を使ってタンパク質をつくるなど）反応を**同化**，複雑な物質を使ってエネルギーを産生する反応を**異化**とよぶ．多くの場合，同化と異化は共役しており，異化で産生されたエネルギーを用いて同化が生じる．**1c** に述べた通り，異化の主要な経路の 1 つに**細胞呼吸**があげられる．細胞呼吸は，グルコースを二酸化炭素と水に分解する経路として説明されることが多いが，同時に ATP を産生している．また，ショ糖やデンプンなどグルコース以外の糖類や，脂肪やタンパク質を利用することができる．逆にピルビン酸などからグルコースを合成する反応やグルコースからグリコーゲンなどの多糖を合成する反応，核酸やアミノ酸を合成する反応，アミノ酸からタンパク質を合成する過程は同化であり ATP を消費する（図 2）．

e 生活環をもつ：受精，分裂，成熟，老化，死

ある生物の受精から子孫の産生に至るまでの，世代から世代へと続く生殖の全過程を結んで環状にしたものを**生活環**という．ヒトを含めた脊椎動物では，父親由来と母親由来の配偶子が接合して受精し，受精卵は細胞分裂を開始する．そこから派生した細胞が分化と増殖をくり返して個体が発生する．個体の成熟に伴って生殖器官では配偶子がつくられ，次の世代へ遺伝情報が継承される（図 3）．個体は加齢に伴って老化し，死を迎える．

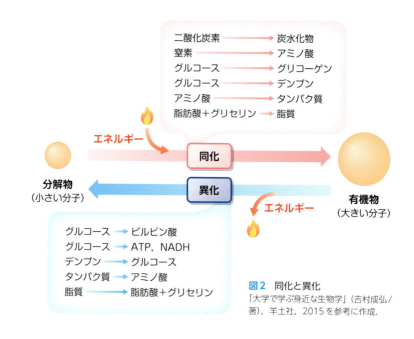

図2 同化と異化
「大学で学ぶ身近な生物学」(吉村成弘/著), 羊土社, 2015を参考に作成.

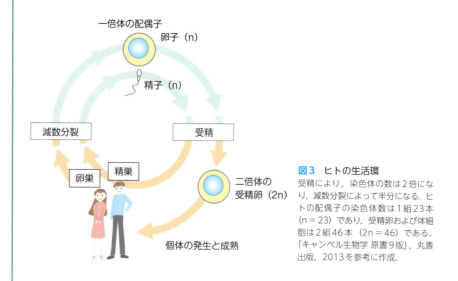

図3 ヒトの生活環
受精により, 染色体の数は2倍になり, 減数分裂によって半分になる. ヒトの配偶子の染色体数は1組23本 (n = 23) であり, 受精卵および体細胞は2組46本 (2n = 46) である.
「キャンベル生物学 原書9版」, 丸善出版, 2013を参考に作成.

生物とは？

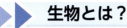

　実は，私たちが生物と定義している集団が生物なのだ．私たちの世界では，「核酸を記憶媒体として，38億年にわたり情報を蓄積し，形をつくってきた集団が生物」ということになる．マイクロチップではダメなのだ．私たちが定義した生物には普遍的な性質とそれぞれの生物群に特異的な性質がある．皆さんは，これからこれらの性質を学習する．

1章 細胞の構成

細胞の構成について考えよう！

　本章では細胞全体の構造と機能について概要を学びます．細胞は生物の最小単位です．主に脂質でつくられた細胞膜が細胞の内側と外側を隔てており，細胞膜を介して物質の吸収や排泄が行われます．細胞膜の内側には細胞骨格とよばれる線維の束があり，細胞の形を維持しています．また，細胞内には多くの構造物が含まれており，構造物は細胞小器官とよばれます．それ以外の部分は細胞基質とよばれ，タンパク質や糖質が含まれている溶液です．

　核には染色体が存在し，染色体にはDNAとして遺伝情報が保存されています．細胞分裂の際には染色体は複製され，相同染色体がそれぞれの細胞に移動します．また，その他の細胞小器官として，リボソーム，ゴルジ体，粗面小胞体，滑面小胞体，中心体，リソソームなどが存在します．

　細胞にはさまざまな機能があります．核で合成されたメッセンジャーRNAからはリボソームでタンパク質が合成されます．また，細胞のエネルギーはATPとして，ミトコンドリアで産生されます．さらに，合成されたタンパク質の一部は粗面小胞体へと入り，ゴルジ体でさまざまな修飾を受けて，ホルモンや酵素として分泌されます．これ以外の細胞小器官にもさまざまな機能があります．

　これからの学習のために，まずは細胞の全体像を理解しましょう．

1　細胞を構成する構造

a　細胞膜（図1）

　細胞膜は，細胞内部を外界と隔てるための重要な構造である．外界から必要な物質を内部にとり込み，不要になった物質を細胞外に排出するためのしくみ

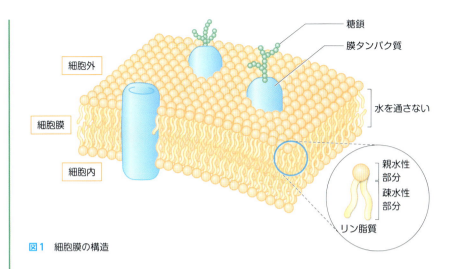

図1 細胞膜の構造

を有している．主要な構成物質はリン脂質で，脂質分子の一部にリン酸基を含んでいる．このリン酸基の部分は水に親和性が高く（**親水性**），脂質部分は水になじみにくい性質（**疎水性**）である．細胞膜は親水性の部分を外側にし，疎水性の部分を内側にする形でリン脂質分子が二層に並んでいるため，水の中でも安定した膜となっている．この構造を**脂質二重層**という．細胞膜は，内部が疎水性であるため，水分子や親水性のアミノ酸・糖類・イオンは透過させにくいが，酸素や二酸化炭素など無極性で小さい分子は透過させやすい．

　細胞膜には，特定の物質を選択的に輸送するための輸送タンパク質，細胞と細胞を接着させるタンパク質，外界の情報を受けとって細胞内部に伝える受容体タンパク質など，さまざまな働きをもったタンパク質がモザイク状に埋め込まれている（9章参照）．それらのタンパク質は固定されているわけではなく，膜の中を自由に動くことができる．

b 核（図2）

　核は真核細胞において，最も大きな細胞小器官であり，その直径は数 μm 〜 $10\,\mu m$ 程度である．核には遺伝子の本体であるDNAが存在し，細胞増殖時にはDNAの複製が行われるほか，転写によってRNA合成が行われている．骨格筋細胞などの一部の細胞を除き，通常は1つの細胞には1つの核が存在する．

　核は，**核膜**で細胞質と区切られており，そこに存在する多数の孔（**核膜孔**）を通って核内外を物質が出入りしている．核には染色体と，1〜数個の核小体が存在する．**染色体**は，DNAが巧妙に折り畳まれた単位構造である．**核小体**は，特にリボソームRNAが転写される場である．染色体と核膜は細胞分裂周期に

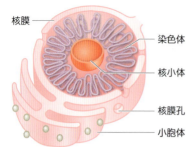

図2 核の構造

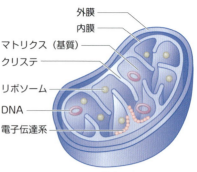

図3 ミトコンドリアの構造

従って変化する（**2a**参照）．分裂していない細胞では核膜が明瞭であり，染色体は核の中で分散しているが，分裂期に入ると核膜は消失し，染色体はさらに凝縮して明確な輪郭をもつ棒状の構造となる．

c ミトコンドリア（図3）

ミトコンドリアは細胞呼吸にかかわる細胞小器官である．グルコース分解で生じたピルビン酸をとり込み酸素を用いて，この分子の化学エネルギーを細胞が利用可能な高エネルギー化合物（アデノシン3リン酸，**ATP**）に変換している．この過程を**細胞呼吸**とよぶ（10章参照）．

ミトコンドリアは，独自のDNAをもち，外膜と内膜の二重の膜に覆われている．内部に向かって突出しているひだ状の内膜構造を**クリステ**といい，内膜に囲まれた内部をマトリクスという．**マトリクス**には，前述の細胞呼吸経路のTCA回路（クエン酸回路）を進行させる酵素が存在している．一方で**内膜**には，電子伝達系にかかわるタンパク質が存在している．

d リボソーム（図4）

リボソームはリボソームRNAとタンパク質からなる．タンパク質合成の主体となり，細胞内では主に2つの状態で働いている．細胞内に散在するリボソーム（遊離リボソーム）では，合成されたタンパク質は，細胞質で働くか，核やミトコンドリアなどの細胞小器官に運ばれて働く．小胞体表面に接着したリボソーム（付着リボソーム）では，合成されたタンパク質は，小胞体を介してゴルジ体に移動し，そこから細胞膜へ移動したり，細胞外へ分泌されたりする．

e 小胞体（図4, 5）

小胞体は核膜とつながった一重の膜からなる細胞小器官であり，その表面に

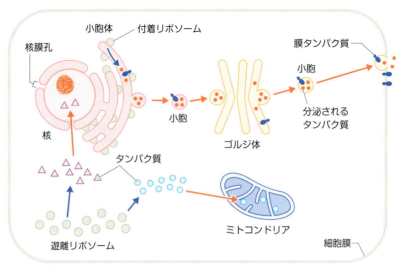

図4 小胞体とリボソームの機能
「高等学校 生物」（令和5年度用），啓林館を参考に作成．

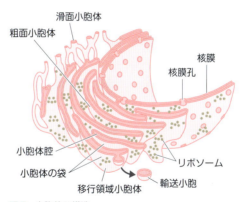

図5 小胞体の構造

は小さな粒状のリボソームが結合した**粗面小胞体**と，結合していない**滑面小胞体**がある．細胞により異なるが，粗面小胞体には，脂質やコレステロールを合成する機能，およびCa^{2+}を蓄えて放出する働きがあり，細胞質のCa^{2+}濃度の調節と，Ca^{2+}を介した細胞内情報伝達に関与している．

粗面小胞体にあるリボソームで合成されたタンパク質は，合成されている間に小胞体内腔へ移動し，そこでジスルフィド結合形成や三次元構造の折り畳

など，いくつかの修飾を受ける．これらの修飾を受けたタンパク質は，その後，**移行領域小胞体とよばれる領域から，小胞体から遊離した膜小胞（輸送小胞）に包まれた状態で遊離**し，ゴルジ体を経てそれぞれのタンパク質が機能する場所へ輸送される．小胞体ではタンパク質の品質管理も行われており，何らかの異常によって折り畳みに問題が生じたタンパク質を選別して，細胞質にある**分解系**へ（**2d** 参照）送っている．

f ゴルジ体（図6, 7）

ゴルジ体は一連の膜からなり，扁平な袋を重ねた積層構造の細胞小器官である．細胞膜で働くタンパク質や，細胞外に分泌されるタンパク質は，粗面小胞体表面で合成された後，小胞体内腔で修飾を受けてゴルジ体に運ばれる．ゴルジ体への輸送は，輸送小胞がゴルジ体の膜と融合することで行われている．

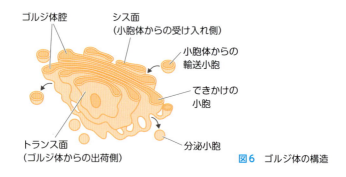

図6　ゴルジ体の構造

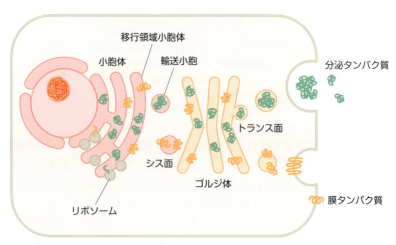

図7　細胞内のタンパク質輸送のしくみ

ゴルジ体が小胞体からタンパク質を受けとる面を**シス面**とよび，逆にゴルジ体から別の部位へタンパク質を送り出す面を**トランス面**とよぶ．シス面でゴルジ体に入ったタンパク質は，その積層構造の中をトランス面に移行する間に，段階的に修飾を受ける．これらの修飾には，タンパク質に本来の機能を付与するためのものもあれば，細胞内の輸送先の選別のために行われる修飾もある．最終的には，ゴルジ体のトランス面からタンパク質を包んだ小胞が出芽し，それぞれの機能部位へ発送される．

g リソーム（図8）

リソームは種々の加水分解酵素を含んだ細胞小器官であり，ゴルジ体からの出芽によって形成される．リソームは細胞内で生じた不要な物質や，細胞外からとり込んだ物質を分解する．細胞外から**エンドサイトーシス**（**2c**参照）でとり込んだ小胞（エンドソーム）にリソームが融合して包み込んだ物質を分解する（タンパク質をアミノ酸にするなど）．また細胞内で損傷を受けた細胞小器官などが，細胞内部で隔離膜に包まれ小胞（オートファゴソーム）となり，リソームと融合して分解される（**オートファジー**，**2d**参照）．分解によって生じた物質は，細胞質内に戻って再利用される．

食作用を有する白血球などでは，細胞外からとり込んだ物質を包む**食胞**を形成するが，これもリソームと融合して消化・分解される．生合成と同様に，細胞内での物質分解は重要であり，リソームの機能不全では細胞内部に分解されるべき分子が蓄積し，リソーム蓄積症（ライソゾーム病）を引き起こす．

h 中心体（図9）

中心体は，核の周辺にある粒状の構造であり，細胞骨格（後述）の微小管形

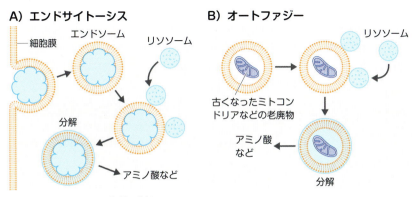

図8 リソームによる物質の分解

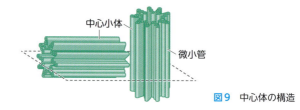

図9 中心体の構造

成の起点となっている．**微小管**は，細胞骨格をつくっている3つの主要な線維のなかで最も太く，圧縮に対抗する梁の役割を担っている．中心体の内部には，1対の**中心小体**が存在し，2つの中心小体が互いに直角に位置している．動物細胞では，細胞分裂に先立って中心小体が複製され，核の近傍から細胞の両極へ分かれて移動する．

i **細胞骨格**

真核細胞は，形態を維持するための線維状の構造物を細胞質内に有しており，それらを**細胞骨格**とよぶ．細胞骨格は，細胞形態を維持するための屋台骨となっているだけでなく，それ以外にも多様な役割を担っている．例えば，細胞分裂における染色体の分配や細胞質の分裂，細胞運動や細胞接着，細胞内での物質輸送や細胞小器官の動きの制御などである．

細胞骨格を形成するタンパク質の線維は，太さや構造によって次の3種類に分類することができる．

① **微小管**：直径は約25 nmであり，チューブリンというタンパク質が連なった中空の管状構造である．細胞の形態維持のほか，細胞内の物質輸送や細胞小器官の動きを制御する輸送用レールとなっている．また，細胞分裂時には紡錘糸を形成し，両極への染色体の移動・分配を行っている（図10A）．

② **アクチンフィラメント**：直径は約7 nmであり，アクチンというタンパク質が連なってできた線維である．ミオシンタンパク質との相互作用によって，細胞分裂時の細胞質の分裂や筋肉の収縮を行っている．微小管と同様に，細胞の動的なプロセスに関与している（図10B）．

③ **中間径フィラメント**：直径は約8〜12 nmであり，微小管とアクチンフィラメントの中間の太さであることから付けられた名前である．このフィラメントを構成するタンパク質にはさまざまな種類があり，細胞の種類によって異なっている．例えば，表皮細胞ではケラチン，線維芽細胞ではビメンチン，神経細胞ではニューロフィラメントが構成タンパク質である．これらのタンパク質の線維がより合わさって線維状構造を形成し，それらがさらに網目状

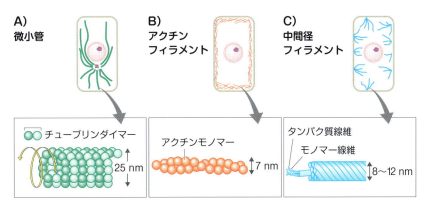

図10 細胞骨格の種類と構造
「基礎から学ぶ生物学・細胞生物学 第4版」(和田 勝/著)，羊土社，2020を参考に作成．

の強固な構造を形成して，細胞膜や核膜の形を安定した状態に保っている（図10C）．

2 細胞の機能の概要

a 細胞分裂（図11）

　細胞分裂から次の細胞分裂までの周期的な過程を，**細胞周期**という．細胞周期は**分裂期**とそれ以外の時期（**間期**）に分けられ，分裂期はさらに，前期・中期・後期・終期の4つの段階に分類される．分裂期前期の間には，複製された中心体が2つに分かれて，細胞の両極に移動し，そこで微小管が形成される．細胞の両極から伸びた微小管を**紡錘糸**とよび，それらは染色体の**動原体**と結合する．分裂中期になると，染色体は赤道面に並ぶ．分裂後期には，染色体は紡錘糸によって両極に引っ張られ，動原体の部分で2つに分かれて両極に移動する．染色体は間期の間に倍化しているため，2つに分かれた両極には，元の核と同じ数の染色体が集まることになる．分裂終期には，染色体周囲に核膜が形成されるとともに細胞膜が内側にくびれて2つの細胞に分裂する．詳しくは5章で解説する．

b タンパク質合成

　核内には染色体が存在し，染色体にはDNAとして遺伝情報が保存されている．細胞には等しくすべての遺伝情報が保存されているが，それらの遺伝子すべてが転写・翻訳されるわけではない．細胞によって必要なタンパク質は異な

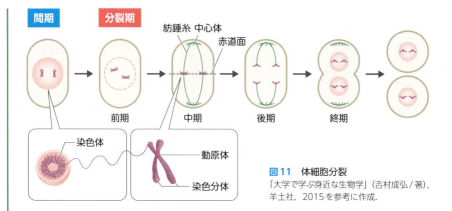

図11　体細胞分裂
「大学で学ぶ身近な生物学」（吉村成弘／著），羊土社，2015を参考に作成．

るため，遺伝子の発現が制御されている．特定の遺伝子が発現するしくみについては11章で詳しく述べる．タンパク質合成経路の概要は以下の通りである．

① 遺伝情報を保持したDNAが核内でRNAに転写される．
② 転写されたRNAはメッセンジャーRNA（mRNA）となり，核膜孔から細胞質に移行する．
③ 細胞質移行したmRNAをリボソームが認識し，トランスファーRNA（tRNA）によりRNA配列に対応したアミノ酸をつなげてタンパク質を合成する．
④ 合成されたタンパク質は小胞体で修飾を受け，ゴルジ体を経て機能部位へ輸送される．

c 物質のとり込みと分泌

　細胞は，特定の物質を細胞内にとり込んだり，細胞外に放出（分泌）したりしながら活動している．細胞膜は特定の物質を選択的に透過させる性質（選択的透過性）をもっており，その機能には膜タンパク質が関与している．チャネルなどによる細胞の内外の濃度勾配に従ったエネルギーを必要としない拡散によって起こる物質の出入りを**受動輸送**という．一方，ポンプによる濃度勾配に逆らって物質を輸送する働きは**能動輸送**とよび，これには**ATPのエネルギーが必要**である．トランスポーターも能動輸送を行うタンパク質であるが，自分自身でATPを使うのではなく，能動輸送のポンプの働きによって生じたイオン濃度勾配を利用して物質を輸送している（図12）．詳しくは4章で解説する．

　細胞膜の選択的透過性による物質輸送以外に，細胞は**エンドサイトーシス**と**エキソサイトーシス**という方法でも物質の内外輸送を行っている（図13）．エンドサイトーシスは細胞内に物質をとり込む作用であり，細胞膜のくぼみから小胞を形成して，細胞外の物質を細胞内にとり込んでいる．例えば，マクロ

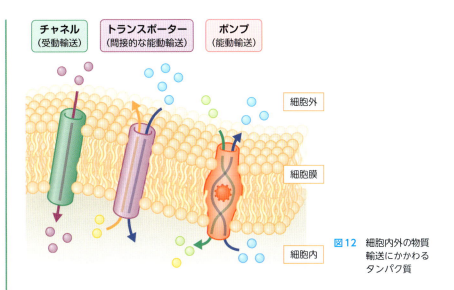

図12 細胞内外の物質輸送にかかわるタンパク質

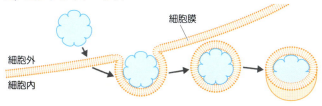

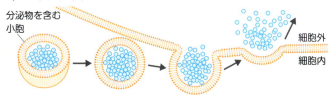

図13 細胞膜を隔てた物質のとり込みと放出
「高等学校 生物」（令和5年度用），啓林館より引用．

ファージの食作用によるウイルスや細菌のとり込みは，この方法である．
　一方のエキソサイトーシスは，細胞内部で形成した小胞を細胞膜に融合することで，小胞内の物質を細胞外へ分泌する作用である．例えば，消化酵素やホルモンの分泌には，エキソサイトーシスが用いられている．

d 分解系

1gで述べた通り，細胞内で生じた不要な物質や，細胞外からとり込んだ物質を分解する働きを担っている細胞小器官はリソソームである．細胞内で損傷を受けた細胞小器官などは，細胞内部で隔離膜（オートファゴソーム）に包まれるが，ここに分解酵素を内包したリソソームが融合して，オートファゴソームの内容物を非選択的に分解する．この分解機構を**オートファジー**（自食作用）という（図14A）．オートファジーはタンパク質だけではなくミトコンドリアなどの細胞小器官も分解することができる大規模な分解システムである．

これに対し，細胞内には**ユビキチン・プロテアソーム系**という分解機構も存在する（図14B）．ユビキチン・プロテアソーム系では，まず標的タンパク質にユビキチンという小さいタンパク質が数珠状に結合する（ユビキチン化）．ユビキチン化されたタンパク質は，巨大なタンパク質分解酵素複合体（プロテアソーム）に認識されてとり込まれ，選択的に分解される．ユビキチン・プロテアソーム系は，特定のタンパク質を特定のタイミングで分解するためのシステムであり，サイクリンなど細胞周期に関与するタンパク質の制御に関与している．

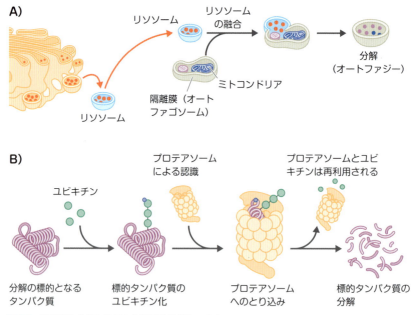

図14 非選択的分解システムと選択的分解システム
A) オートファジーによる細胞小器官の分解．B) ユビキチン・プロテアソーム系による標的タンパク質の分解．
「高等学校 生物」（令和5年度用），啓林館および「キャンベル生物学 原著9版」，丸善出版，2013を参考に作成．

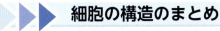

細胞の構造のまとめ

　細胞には，細胞膜で囲まれた細胞質の中に細胞小器官と細胞基質が含まれている．それぞれの細胞小器官は生命活動を営むために必要な機能をもち，合成や代謝された物質は細胞基質内を移動し，さまざまな反応に用いられる．細胞の機能の詳細は，これからの章で学習する．

2章 生き物の観察

仮説を立てよう！
―生き物の「何」を観察する？

　ある動物，または植物の特性を分析する場合，皆さんはどのように行うでしょうか．1つの個体をくまなく観察することを選ぶ人，もしくは，ある特定の性質（形態）にしぼり多くの個体を観察する人など，人によってさまざまな観察方法をとるかもしれません．観察の前に，考えてみてください．皆さんはどのような目的で観察するのでしょうか．目的達成のために，どのような手法で観察するのでしょうか．そして観察結果をどのように解析するのでしょうか．さらに，結果から新たな疑問が浮かぶことはないでしょうか．観察を通じ，生命科学に不可欠な観察（実験）方法の原則を学びます．

　以下に実際にどのような手順で情報を収集し，観察を行えばよいか，大まかな流れを示します．さらに詳細を学びたい場合，実習関連の教科書などで調べることをおすすめします．

1　観察から結論に至るまでの過程（図1）

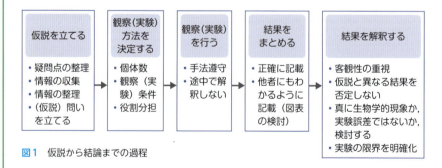

図1　仮説から結論までの過程

a 仮説を立てる

　観察や実験は必ず目的をもって行う．小学校や中学校の実験であれば，「…をみてみよう！　どんなことがわかるかな？」「…したらどうなるだろうか？」などのタイトルがつき，大きな目的をもたずに漠然と観察や実験をすることがあったかもしれない．しかし，大学における観察の場合，ある生物に普遍的な性質について，情報を収集し，仮説を立て，観察（実験結果を含む）を通じ，検証することになる．

1）疑問点の整理

　教員が指定するかもしれないし，自分で授業のなかで疑問をもつかもしれない．最初は「○○（生物名）のXX（形態や性質など）はどのようになっているのだろうか」「なぜ○○はXXになる（をする）のだろう」という疑問からはじまるだろう．これがスタートとなる．

2）情報の収集

　日常生活における検索では，GoogleやYahoo!など一般的な検索エンジンを使うことが多い．しかし，これらの検索エンジンはすばやく簡単に検索できるという利点がある一方，情報の信頼性には欠けることも多い．信頼に足りる情報を得るためには，きちんとしたデータベースへアクセスすることが不可欠となる．また，そこからさらに他の文献を調べる必要性が生じることもある．そこで，大学の図書館の活用をおすすめする．最近は図書館に行かなくてもネットからアクセスが可能となっている大学がほとんどである．所蔵している図書は**蔵書検索システム（OPAC）**で検索できる（図2）．また，**学術雑誌**（定期的に刊行され，最新の研究論文や総説を掲載した書籍のこと）を検索すれば，最新の情報が得られる．

図2　図書館蔵書検索サイト
http://opac.lib.gunma-u.ac.jp/opc/

主な検索システムを3つ紹介する．
① **CiNii**（Citation Information by National Institute of Informatics）（**図3**）：国立情報学研究所（National Institute of Informatics, NII）が運営する学術情報データベース（日本語）
② **医中誌Web**（**図4**）：医学中央雑誌刊行会が運営する，国内医学論文情報のネット検索サービス（日本語）
③ **PubMed**（**図5**）：アメリカ国立医学図書館（National Library of Medicine）が運営する生物学・医学文献データベース（英語）

いずれも通常の検索エンジンと同様に，簡単にアクセスでき，最新の論文を検索することができる．これ以外にもいくつか代表的な検索システムがある．大学により契約しているデータベースは異なるので，一度問い合わせることをおすすめする．

3) 情報の整理

タイトルや抄録から，自分の必要な情報を収集し，必要であれば論文をダウンロードしたり，他の図書館から複写した文献（許可が必要）を得たりすることができる．この際，重要なことは，1つの意見や情報だけでなく，必ず，複数の情報（できれば相対する意見）を得ておき，考えをまとめることである．それぞれの書籍や論文を読む際，記載してあることが事実なのか，著者の意見なのか，区別して読むことも重要である．整理する内容としては，以下のようなことである．いずれも項目別に列挙してみるとよい．
①何が，どこまでわかっているか．
②不明な点は何か，また，なぜ不明となっているのか．

図3 国立情報学研究所 学術情報データサイト
https://cir.nii.ac.jp

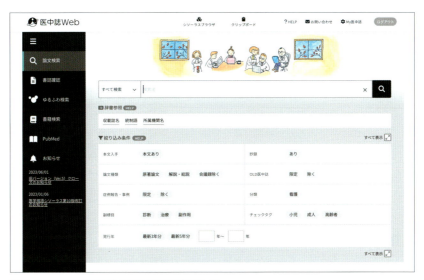

図4 医学中央雑誌刊行会 国内医学論文検索サイト
https://search.jamas.or.jp

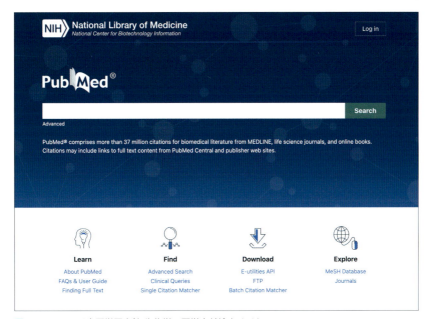

図5 アメリカ国立医学図書館 生物学・医学文献検索サイト
https://pubmed.ncbi.nlm.nih.gov

29

4) 仮説（問い）を立てる

仮説はなるべく具体的に立てる．前述したように「…したらどうなるか」というのは適切な問いではない．今までわかっていないことを検証するために行う（または，すでに明らかとなっていることを検証するために行うこともあるかもしれない）のが観察（実験）なので，収集した情報をもとに，極力，具体的で検証可能な仮説を立てる．観察（実験）手技や時間は限られていることが多いので，そのなかで検証可能な範囲で仮説を立てることも必要である．例として，観察の仮説に「ヤツデの葉の葉脈は8つに分かれている」があげられる．これ以外にも3章でとり上げる血糖値を例にあげてもいくつかの仮説が立てられる．例えば，「摂食前よりも摂食後の方が血糖値が高い」「摂食後の血糖値は200 mg/dLを超えない」などである．

b 観察（実験）方法を決定する

仮説をもとに，どのような観察（実験）方法にするか，考える．通常，ある生物に普遍的な現象を調べることになるので，実験誤差〔観察者（実験者）ごとの差や観察条件の違いによる差など〕が生じないように条件を設定する．

① 1個体を用いた観察（実験）とはせずに，複数（通常は4個体以上）の個体を用いるようにする．

② 観察（実験）条件〔観察時期や期間，観察部位，観察環境（屋内外，温度など），観察機器など〕が一定になるようにあらかじめ注意する．

③ 複数の観察者（実験者）により行う場合は，観察者ごとのばらつきがでないように条件を話しあって設定する．

④ 役割分担をして，異なる視点から観察（実験）を行う場合は，それぞれ複数の観察者により実施することが望ましい．

c 観察（実験）を行う

決定した方法をもとに観察（実験）を行う．まずは決められた方法に忠実に行うことが重要である．観察（実験）の途中で方法を変更することは，実験誤差の原因となるのでやめる．過去に実施した観察（実験）の検証である場合，過去の観察（実験）条件を正確に再現するように努める．観察（実験）結果の解釈を途中で行うことは避けた方がよい（実験内容にバイアスがかかることがある）．まずは計画した観察（実験）を確実に行うよう心がける．

d 結果をまとめる

　個人の主観が入らないように注意しながら，極力，正確に結果をノートや報告書などに記載する．自分の観察（実験）ノートに記載する場合でも，他者が見て内容が理解できるように記載する．グラフなどを用いてもよいが，まず，文章として理解できるように記載することが基本となる．図表を用いる場合，どのようなグラフが適切か，検討する．

> **memo　一般的な指標**
> **棒グラフ**：それぞれ異なる集団を使って観察（実験）を行った場合（数値に「対応がない」場合）．
> **折れ線グラフ**：同一個体で経時的変化などを観察した場合（数値に「対応がある」場合）．

e 結果を解釈する

　過去のデータも参照しながら，結果を解釈する．極力，客観的な解釈になるよう努める．仮説と異なる結果が出た場合でも，否定をせず，理由を考える．また，結果が真に生物学的な現象や変化であるか，それとも実験誤差によるものか考えることも重要である．

　結果の解釈から，観察（実験）でわかったことと，わからなかったこと（実験の限界）を明らかにする．

f （必要であれば）新たな観察（実験）を計画する

　eで明らかとなった新たな疑問をもとに，a〜eの過程を再度くり返す．

観察と生命科学研究や医学とのつながり

ここでは「ヤツデの葉の葉脈の数」という一見単純な題材を用いた．身近な生物の観察がどのように生物学研究の演習へとつながるのだろうか．

1) 生命科学研究とのつながり

これは比較的わかりやすいだろう．学習中，さまざまな生命現象を学ぶなかで，「なぜこうなるのだろう」という疑問がわいてくることは少なくない．疑問解決までには，前述a～eのプロセスが必要となる．また，実験まではいかなくとも，仮説を立てて文献検索を行い，自分なりの解釈をまとめる場面も多いだろう．これらが研究の第一歩である．植物でも，動物でも，ヒトを用いたとしても，まったく同じ**論理的思考過程**を経ることを覚えておいてほしい．

2) 臨床医学とのつながり

臨床医学において，患者さんが外来診療に訪れ，診断がつくまでに医師が行う過程は**臨床推論**とよばれる．この過程は以下の順で行われる（**図6**）．

① 患者さんの訴えを聞き（**主訴**），問題点を把握する（最初の**問題の同定**）．
② **面接**で病歴を聴取し，身体**診察**を行う（**情報収集と整理**）．
③ 考えられる疾患を想定する（**診断仮説**）（**仮説の設定**）．
④ 仮説をもとにさらなる**検査**を行い，もっている知識と文献などを確認し，**鑑別診断**を行う（**仮説の検証**）．
⑤ 診断をもとに**治療**を行う（**検証結果の利用**）．
⑥ 治療結果を検証し，必要ならばさらなる情報収集を行い，次の診察や検査をして（**効果の検証**），次の問題の同定と仮説を設定する．

この流れを考えれば，臨床推論の過程が観察（実験）での思考過程と何ら変わりないことを理解できるだろう．

生物学は医学とは違うと考えがちだが，将来のために重要な過程であると理解してほしい．

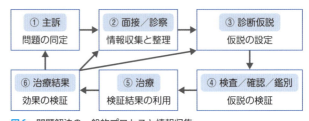

図6　問題解決の一般的プロセスと情報収集

3章 正常値の意味するところ

正常値について考えよう！

　血糖値を通して，正常・異常が何を意味するのか，どうやって「正常である」と定義するのかを考えましょう．生物学においては，同じ実験（処置）をしても個体に差がありますから，データはばらつくことになります．しかし，ばらつき方には一定の法則があります．それはどのようなものでしょうか．また，ある処置をした場合，数値は変化しますが，個体差はなくなりませんから，一定の確率でデータの一部に重なりが出ます．重なりがどの程度になったら，ある処置により数値が「変化した」といえるのでしょうか．

　本章では生物学に必要な「数学的なものの考え方」について，具体的に考えていきます．

1 生物学的用語

a 血糖値

　血液中の**グルコース濃度**を血糖値とよぶ．ヒトの空腹時血糖値は通常70〜110 mg/dLの範囲で維持されている．ヒトは1日の消費エネルギーの約6割を糖質（炭水化物）から摂取しており，そのなかでも特に重要なのがグルコースである．活動中の脳や筋組織においてグルコースが大量に消費されるが，それ以外でも私たちは常時，脳・心筋・赤血球など全身でグルコースを活発に消費している．これに対して摂食による栄養供給は一過的であるため，栄養供給の有無によらず血糖値を安定化させるしくみが必要となる．血糖値を一定に保つことは，生命維持においてきわめて重要である．なお，血糖値の調節機構や糖代謝，および糖尿病については，生理学・生化学や臨床医学の教科書を参照してほしい．

2 生物学に必要な数学用語

a 平均値

平均値は，ある集団の数値データを表現するための**代表値**であり，すべてのデータを足して，データ数で割ったものをいう．n 名分の測定データ x_i（$x_1 \sim x_n$）があるとすると，平均値 $\bar{x}$ は

$$\bar{x} = (x_1 + x_2 + x_3 + \cdots + x_n) \div n = \frac{1}{n}\sum_{i=1}^{n} x_i$$

で計算できる．なお，代表値には他にも，**中央値**，**最頻値**などがある．

> **memo** 中央値はデータを数値の小さいものから並べた際に中央にくる値，最頻値はデータ集団において最も頻繁に登場する値である．

b 分散

データにはバラツキがあり，そのバラツキ具合を把握するために利用される値が**分散**や**標準偏差**（後述）である．数値のバラツキとは，n 名のデータ x_i（$x_1 \sim x_n$）が，平均値 $\bar{x}$ からどれだけ離れているかを示しており，$x_i - \bar{x}$ であらわすことができる（**図1**）．

$x_1 \sim x_n$ のデータのバラツキをこのように計算して合計し，平均をとれば全体のバラツキ具合を示すことが可能なように思われるが，実際にはバラツキはプラス方向とマイナス方向に均等に振れているので，計算結果は0となってしまう．

0にならないように，差 $(x_i - \bar{x})$ の**絶対値**（$|x_i - \bar{x}|$）をとる方法もあり，絶対値を合計して平均をとったものを**平均絶対偏差**とよぶ．

$$\{|x_1 - \bar{x}| + |x_2 - \bar{x}| + |x_3 - \bar{x}| + \cdots + |x_n - \bar{x}|\} \div n = \frac{1}{n}\sum_{i=1}^{n} |x_i - \bar{x}|$$

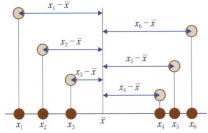

図1 平均値とデータのバラツキ

しかし，絶対値を用いるため，計算上便利ではない．そのため，それぞれの差を2乗（平方）することで対応する．<u>差の2乗を合計して平均したもの</u>（**平方平均**，s^2）が分散である．

$$s^2 = \{(x_1-\bar{x})^2 + (x_2-\bar{x})^2 + (x_3-\bar{x})^2 + \cdots + (x_n-\bar{x})^2\} \div n$$
$$= \frac{1}{n}\sum_{i=1}^{n}(x_n-\bar{x})^2$$

c 標準偏差

標準偏差（s，または standard deviation：SDとも記載）も<u>バラツキ具合を把握するために利用される値</u>である．先に述べた分散（s^2）も，全体のバラツキ具合を示す指標であった．しかし上式で示した通り，分散は各項を平方して計算したものであり，**バラツキの2乗**となっている．これを元の次元に戻すため，**平方根計算**したものが標準偏差である．具体的には，

$$s = \sqrt{s^2} = \sqrt{\{(x_1-\bar{x})^2 + (x_2-\bar{x})^2 + (x_3-\bar{x})^2 + \cdots + (x_n-\bar{x})^2\} \div n}$$
$$= \sqrt{\frac{1}{n}\sum_{i=1}^{n}(x_n-\bar{x})^2}$$

d 正規分布

ある集団の数的データを大量に集めて**測定値**と**出現頻度**をグラフにプロットすると，最終的に図2のような**ツリガネ型のグラフ**分布に近付くことが知られている．これを正規分布とよぶ．この分布は平均値に近い値が多数を占め，離れた値ほど少なくなることを示している．バラツキ（標準偏差）が大きくなるとピークは低く左右に広がったなだらかなグラフになり，逆にバラツキが小さい場合はピークが高く尖ったグラフになる．身長や体重などはもちろん，医学的データの多くはこの分布に当てはまると考えてよい．

正規分布は，ツリガネ型であること以外に，
①ピーク値は平均値，かつ最頻値・中央値を示している．
②平均値の両側は対称である．
③平均値（$\bar{x}$）を中心にして両側に標準偏差（s）を当てはめると，その間（$\bar{x} \pm s$）にデータ全体の約68％（全体の約2/3）が，標準偏差の値を2倍にした範囲（$\bar{x} \pm 2s$）には全体の約95％，3倍にした範囲（$\bar{x} \pm 3s$）には全体の約99％のデータが含まれる，ということが理論上明らかになっている（図3）．

正規分布のピークが平均値であることから，平均の増減によってグラフは左右に移動する（図4）．

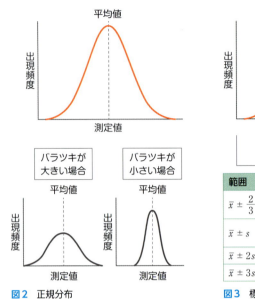

図2 正規分布

図3 標準偏差が示す範囲

範囲	割合
$\bar{x} \pm \frac{2}{3}s$	約 $\frac{1}{2}$
$\bar{x} \pm s$	約 $\frac{2}{3}$
$\bar{x} \pm 2s$	約95%
$\bar{x} \pm 3s$	約99%

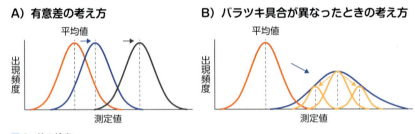

図4 差の検定

e 差の検定

　2つ，もしくはそれ以上のデータがあるとき，データに差があるかどうかは，平均値のみで決まるわけではない．これまで述べてきたように，特殊な場合を除き，データ群は正規分布になるという仮定のもと，正規分布をとった場合にグラフがどのくらい重なるか，という可能性を検定することになる．ある集団と集団のデータ分布を比較し，それらの重なりが5％未満であったとき，両群には統計学的に有意な差があるとみなす．図4Aの青線グラフの場合は有意差ありとするには十分ではないが，黒線グラフは赤線グラフと重なりが少なく，有意差ありとなる可能性が高い．

検定をする際に重要となるのは，「同じ集団（**母集団**という）に属する個体が，ある処置を受け，その効果のみによって数値が移動した」場合に処置の効果を検定できる，ということである．つまり比較する群のデータのバラツキ具合（分散）は等しくならなければならない．

図4Bを参照してほしい．ある処理により青色の分布データが得られたとする．青色グラフは処理前の赤色グラフと明らかにバラツキ具合が異なっており，このなかには例えば3つの異なる反応群（黄色のグラフ）が含まれている可能性がある．これら3群が実験誤差によるものか，それとも反応性の異なる別の母集団が含まれていたことに由来するのか，ここからだけでは明らかにできない．いずれにせよ，赤色の群と青色の群はバラツキ具合が異なるので，「同じ母集団に属し，1つの処置により影響を受けた集団」とは決定できないことになる．

以上から，差の検定の際には，分散が等しい（比較する集団の母集団が同じ）ことを分析（**分散分析**）したうえで，さらに結果の比較が必要になる．2群の場合は **t 検定** などの手法で分散分析とデータの有意差を検定できる．3群以上を比較する場合は，分散分析で効果の判定をしたうえで，それぞれのデータの比較を**多重比較**という方法で比較することになる．有意差検定の詳細については統計学の教科書を参照してほしい．

3　正常値ではなく基準値

これまで学んできたことを，1 で示した血糖値に当てはめて考えてみよう．糖尿病など糖代謝の異常が認められず，一般的に健康とされる集団においても，空腹時の血糖値にはバラツキがあることがわかった．この考えを適用すると，糖尿病とされる集団においても一部の人の血糖値は健康とされる人と大差ない可能性があることがわかる．このような状態で「この血糖値が正常である」と特定の数字をあげることは適切ではなさそうだ．

平均（$\bar{x}$）と標準偏差（s）から考えると，$\bar{x} \pm 2s$ の範囲でバラツキの95%が網羅できることになる．また，有意差検定でバラツキの重なりが5%未満であれば他の集団とは，**有意な差**があるとしている．この考え方から，血糖値が $\bar{x} \pm 2s$ の範囲であればその人は健康である可能性が高いことになる．そこで，臨床医学の分野ではこの数値範囲を「正常値」ではなく「健康とされる基準の値（**基準値**）」とみなすことで個々の数値の判定を行うようにしている．

同じ集団内のデータのバラツキをどう考えるのか

　血液検査などで出てきた数値は，たとえ健康であっても1人1人微妙に異なり，一致することはほぼない．本章では，健康または異常の基準となる数値範囲の決め方について基本的な考え方を学んだ．この考えは，生命科学研究において，実験データの変化をどのように検証するのか，という点からも重要である．

4章 体の中の水と膜を介した物質移動

水分や栄養素はどうやって細胞の中に入るのだろう？

　ヒトの体の約60％は水分でできています．なぜ，これだけ多くの水分が必要なのでしょうか．水は体内でどのような機能を果たしているでしょうか．栄養素やミネラル，老廃物などが，水に溶けて輸送されることは容易に想像がつくでしょう．これらはどのようにして溶液中に広がり，どのようにして体内のそれぞれの細胞にたどり着くのでしょうか．また，どのようにして細胞内外を行き来するのでしょうか．

　本章ではまず，溶液内の物質移動の基本法則を考えます．そのなかで，拡散，濾過，浸透など化学や物理学でも学んだことがある概念について，生物学的な視点から考えていきます．

　一方，細胞内外の物質の移動は細胞膜を介して行われます．1章で学んだように，細胞膜は脂質二重層になっており，電解質や水溶性物質は原則的に通しません．したがって，物質を輸送する特殊なしくみが必要になります．細胞膜を介した輸送様式にはさまざまなものがあります．濃度の違いにより受動的に輸送される場合，濃度差に逆らってエネルギーを用いる場合，などです．輸送に関与する物質についてもここで簡単に学びます．また，しくみがあったとしても膜を通過しやすい物質としにくい物質，刺激を受けたときだけ輸送される物質などがあります．これらの物質が混在している結果，細胞の内外には物質の濃度差（濃度勾配）のみならず，細胞内がマイナスに荷電する電位差（電位勾配）が生じます．これらの勾配についても学びます．

1 物質の濃度を示す単位

a 容積パーセント濃度

溶液の体積（mL）あたりの溶質の質量（g）の割合を％表示したものである．糖質やアミノ酸，生理食塩水の濃度などもこの値であらわされる．

(溶質の質量[g] / 溶液の体積[mL]) × 100(％)

b 質量パーセント濃度

重量パーセント濃度ともいう．溶液全体の質量あたりの溶質の質量の割合を％表示したものである．

(溶質の質量[g] / 溶液の質量[g]) × 100(％)

c モル濃度

モル濃度は，溶液1 L中に含まれる溶質の物質量（モル）である．モーラー（大文字でM）と表記されることもある．物質1 molはその物質粒子が6.02×10^{23}個集まった単位を示す．物質の質量からモル数を計算する場合，モル質量を用いる．モル質量は物質1 molあたりの質量（g）のことであり，原子量や分子量にg/molをつけたものである．例えばNaClのモル質量は58.5 g/molである．生理食塩水は0.9％（容積パーセント濃度）なので，9 g/Lの溶液である．これをモル濃度に換算すると9(g/L) / 58.5(g/mol) = 0.154 mol/Lとなる．

d 当量

生物学・医学分野における当量（Eq）は通常，**化学当量**を指す．これは，ある溶液中に含まれる電解質の量を示し，原子量/原子価（電荷数）によって求めることができる．例えば，Na^+の原子量は23 g，原子価は1であるからNa^+の1当量（Eq）は23 g（1 mol），Ca^{2+}の原子量は40 gであり原子価は2であるから，Ca^{2+}の1 Eqは20 g（0.5 mol）となる．

体液中の電解質量は非常に低いため，mEq（ミリ当量：Eqの1/1000）を用いる．また，電解質濃度としてmEq/L表示となっていることが多い．

一方，酸塩基平衡で使われる当量は，1 molのH^+を授受する酸・塩基のグラム数を1グラム当量としている．また酸化剤・還元剤については，1 molの電子を授受する酸化剤・還元剤のグラム数を1グラム当量とする．例えば，$2NaOH + H_2SO_4 \rightarrow Na_2SO_4 + 2H_2O$の反応の場合，NaOH 40 g（1 mol）を中和するのに必要なH_2SO_4は98/2 gであり，1グラム当量は49 gである．つまり，酸の当量＝酸の分子量/酸の電荷数という計算で求めることができる．

2 体液を学ぶ際に必要な物理・化学的用語

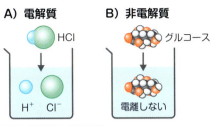

図1 電解質と非電解質

a 電解質と非電解質（図1）

水に溶解させるとイオン化する物質を**電解質**といい，プラスの電荷をもつのが陽イオン，マイナスの電荷をもつのが陰イオンである．体液中の陽イオンにはNa^+，K^+，Ca^{2+}，Mg^{2+}などがあり，陰イオンにはCl^-，HCO_3^-，HPO_4^{2-}，SO_4^{2-}や有機酸，タンパク質などが含まれる．**非電解質**は水溶液中で電離しない物質のことで，グルコース，脂肪，尿素などが該当する．

b 拡散

異なる物質が混在している場合に，物質が移動して広がる現象を**拡散**とよぶ．物質は濃度の不均一を均一にするように移動し，拡散係数（定数：溶液ごとに異なる）が大きい物質ほど早く移動する．拡散は受動的な過程で，分子のランダムな動きの結果である．拡散では物質の濃度勾配に沿って物質が輸送される．ある領域から他の領域に移動する物質の量はFick（フィック）の拡散の法則であらわすことができ，移動した物質の量は拡散が行われる面積，濃度差，そして拡散係数に依存する．したがって，

移動する物質量：J，拡散面の総面積：A，濃度差：$\dfrac{dC}{dx}$，拡散係数（定数）：Dとすると，

$$J = -D \times A \times \dfrac{dC}{dx}$$ という式が成り立つ．

c 濾過（図2）

多孔質（網目状に多数の細かい孔が開いた物質）に，固体が混ざった液体を通過させ，孔の径より大きな固体粒子を液体から分離する操作を指す．生体内では，細胞膜をはじめ種々の生体膜で濾過が行われている．組織レベルでは毛細血管壁が多孔質の役割を担っており，血管内外の物質交換や水分の移行に濾過が行われる．血管内から血管外への水分の移動を**濾過**，血管外から血管内への移動を**再吸収**とよぶ．濾過の典型的な例がみられるのが腎臓である．腎臓の糸球体（毛細血管が糸玉状になったもの）では原尿が濾過され，その下流の尿細管で再吸収が行われて最終的な尿がつくられている．

d 静水圧（図3）

静止している液体の単位面積あたりにかかる圧力のこと．身体では，毛細血管のように心臓の拍出の影響をほとんど受けなくなったときに，血液の重量により生じる圧が静水圧となる．この圧が水分を間質に押し出す力となる．一方，血管壁を通過しない物質の濃度差（主にタンパク質．血管内が高濃度）により間質から血管内への水分移動に伴う圧が生じる．これが浸透圧（後述）である．毛細血管の動脈側では静水圧が浸透圧より高いので水分は間質に移動し，静脈側では浸透圧の方が高いので水分は血管内に移動する．水分の移動に伴って栄養素や老廃物の移動も生じる．

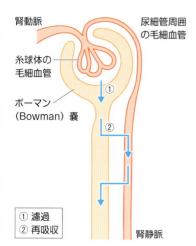

図2 尿生成における濾過と再吸収

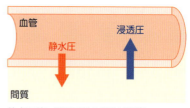

図3 静水圧と浸透圧

e 浸透圧・オスモル濃度

水分（H₂O）など一部の粒子のみを透過させる性質を<u>半透性</u>といい，半透性を示す膜を<u>半透膜</u>という．濃度の異なる水溶液を半透膜で隔てると，濃度の低い方から濃度の高い方に水が移動する．例えば濃度の異なるショ糖水溶液を，水のみは透過できる半透膜で仕切った場合（図4），水もショ糖分子も拡散によって均等になろうとする．しかし，半透膜は水しか透過することができないので，水のみ濃いショ糖水溶液側に移動するこの現象を<u>浸透</u>といい，移動のときに生じる力を<u>浸透圧</u>とよぶ．水と膜を通過しない粒子を含む溶液の間に生じる浸透圧はvan't Hoff（ファントホッフ）の式を用いて求めることができる．

$$\Pi V = nRT \cdots ①$$

Π：浸透圧〔PaまたはmmHg〕，V：体積〔L〕，n：溶質の量〔オスモル数(Osm)〕
R：気体定数〔Pa・L/（K・mol）〕，T：絶対温度〔K〕

溶質の量n〔オスモル数〕は，<u>水溶液中の溶質粒子の総和</u>である．オスモル数を求めるためには，溶質が電解質か非電解質かを考える必要がある．両者は水溶液中での状態が異なり，その結果として粒子の数も異なるからである．例えば，NaClは水に溶かすと，Na⁺とCl⁻に1：1に電離する．Na⁺とCl⁻に電離することで水溶液中の粒子の数は，NaClの状態の2倍の数になる．したがって，1 molのNaCl水溶液は2 Osmということになる．一方グルコースのように，水に溶かしても電離しない非電解質の場合は，水溶液中でも数が変わらないため，モル数がそのままオスモル数となる．

①式の両辺をVで割ると，

$$\Pi = n/V \cdot RT$$

となる．n/Vは単位体積あたりのオスモル数，つまりオスモル濃度（Osm/L）である．

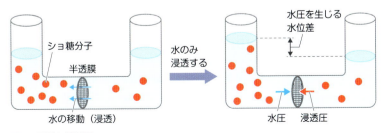

図4　浸透と浸透圧

このオスモル濃度をCと置き換えると，

$$\Pi = CRT \cdots ②$$

という式になり，浸透圧はオスモル濃度に比例することがわかる．この式からもわかるように，==浸透圧は，溶液中の分子およびイオンなどの粒子の総濃度にのみ依存する物理量であり，溶質の種類には依存しない==．

浸透圧計におけるオスモル濃度の測定には，凝固点降下法が用いられる．これは，溶媒に溶質を溶かした液体は凝固点が低下する現象を利用した方法である．凝固点降下度ΔT（℃）とオスモル濃度Cの間には，③の関係が成立するため，凝固点降下度からオスモル濃度を求めることができる．

$$\Delta T = Kf \cdot C \cdots ③$$

Kfはモル凝固点降下定数であり，溶媒が水の場合は1.86℃kg/molである．

膜を自由に通過できない粒子を含む溶液が膜を隔てて存在する場合，オスモル濃度が高い方を**高張**（ハイパートニック），低い方を**低張**（ハイポトニック），同じ場合を**等張**（アイソトニック）とよぶ．前述のように，関係するのはそれぞれの溶液の粒子数であり，粒子の種類を問わない．

> **memo** なお，医学分野では，体液（血漿）のオスモル濃度を基準とし，体液と同じオスモル濃度の場合を等張と規定することが多い．粒子の種類は問わないので，スポーツドリンクはナトリウムの一部をグルコースなどに置き換えて等張としている．

3 細胞膜を隔てた物質の輸送

a 能動輸送（ポンプ）（図5）

濃度勾配に逆らって，特定の物質を移動させる細胞膜の働きを**能動輸送**とよぶ．これには細胞膜を貫通する輸送タンパク質（**ポンプ**）が関与しており，ポンプはATPなどのエネルギーを用いて，物質を低濃度の溶液から高濃度の溶液へ移動させている．例えば細胞内外では，Na^+やK^+の濃度が大きく異なるが，これは細胞内部に入ってきたNa^+を濃度勾配に逆らって細胞外へ排出し，細胞外のK^+を濃度勾配に逆らって細胞内にとり込む能動輸送によるものである．この輸送を担っているのがナトリウムポンプであり，この機能によって，例えばヒト赤血球では細胞外Na^+濃度が内部の約15倍高く，逆にK^+濃度は赤血球内部の方が20倍以上高い状態を維持している．

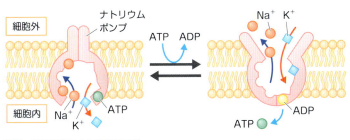

図5 能動輸送による物質の移動

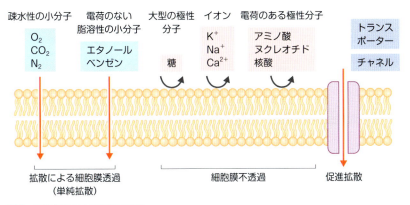

図6 受動輸送による物質の移動

b 受動輸送

　水や尿素など電荷のない小分子や，酸素・二酸化炭素のような疎水性の小分子は，細胞膜を通り抜けて高濃度側から低濃度側に拡散する（図6）．また一方で，細胞膜を通り抜けられない分子については，チャネルや担体（トランスポーター）など選択的な通路がつくられており，これを介して濃度勾配に従った拡散を可能にしている（後述）．このように濃度勾配に従い，生体膜を横切って分子が拡散することを受動輸送とよぶ．

c チャネル（図7）

　チャネルは，生体膜の脂質二重層を貫通する輸送タンパク質であり，イオンのように電荷をもった分子が通過するための孔をもっている．チャネルによって通過させるイオンが決まっているほか，孔にはゲート（門）がついている．

　いずれのチャネルも刺激に応じた構造変化によってゲートが開き，ゲートが開くと膜の内外の濃度勾配に応じて特定の分子の通過が促進されるしくみとなっている．

　例えば，筋細胞にある筋小胞体内にはCa^{2+}が蓄えられている．筋細胞に刺激が与えられると，筋小胞体にあるカルシウムチャネルが開き，細胞質内へCa^{2+}が放出されて筋収縮を引き起こす．

　細胞，特に神経細胞や筋細胞では細胞の内側が外側に比べてマイナスの電荷をもっている．この理由を簡単に説明する．K^+はカリウムチャネルを介し，比較的自由に細胞膜を通過する．K^+は濃度勾配に従って細胞外へ漏れ出している．しかし，この流れによって生じる電位勾配が逆にK^+を細胞内側に引き戻そうとする．このように濃度勾配に従って細胞の外に向かう力と，電位勾配に従って細胞内へ引き戻そうとする力が釣り合ったときの膜電位を，そのイオン（ここではK^+）の**平衡電位**という．

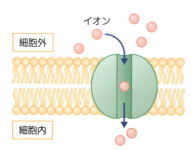

図7　チャネルによるイオンの移動
チャネルは，特定のイオンを通過させる孔をもっている．細胞内→細胞外または細胞外→細胞内に濃度勾配に沿ってイオンを移動させる．

d 担体(トランスポーター)(図8)

担体はトランスポーターとよばれることもある.生体膜に存在し,アミノ酸や糖など極性をもった分子と結合して,膜の反対側へ輸送する.担体もチャネルと同じく受動輸送を行うが,担体は孔をもたない点でチャネルとは異なっている.担体の場合は,運搬する分子と結合すると立体構造が大きく変化し,これによって膜の反対側へ分子を送り出す方法をとる.担体と結合して運搬される分子は決まっており,通常は細胞膜内外の濃度勾配によって,どちらからどちらへ輸送するかも定まっている.

例えばグルコースは,細胞外濃度は細胞内濃度よりも常に高いため,この濃度勾配に従ってグルコーストランスポーター(**GLUT**)はグルコースを細胞外から細胞内へ輸送している.また,イオンと共役して能動的に輸送する担体も存在する.ナトリウム-グルコース共輸送体(**SGLT**)は前述のGLUTと同じくグルコース輸送体であるが,こちらはイオンに共役した能動輸送を行う.すなわち,イオンポンプによって形成された細胞内外の濃度勾配に従って,イオンが膜を通過する際に一緒にグルコースを輸送する方法である.このシステムを使うと,その物質の濃度勾配に逆行した輸送が可能となる.例えば,**a**のナトリウムポンプは細胞内外にNa^+の濃度勾配(細胞内<細胞外)を形成するが,これによってNa^+が細胞内に受動的に拡散しようとする力が生じる.SGLTは,このNa^+の移行エネルギーを利用して,グルコースの細胞内とり込みを行っている.これを**二次性能動輸送**とよび,細胞の生存に不可欠なアミノ酸や糖のとり込みに用いられている.

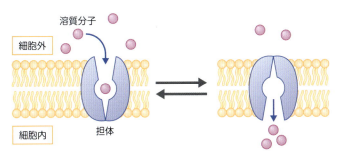

図8 担体(トランスポーター)による物質の移動(促進拡散)
担体は,立体構造の変化によって分子を膜の反対側へ輸送する.

細胞膜を介する物質移動

　水をはじめとする物質は，さまざまな機構で体内を移動する．膜を介する移動にはチャネル，担体（トランスポーター），ポンプなどの輸送体を介することも多い．また，移動の際には拡散のように濃度差によって広がっていく場合や静水圧や浸透圧などの力が加わることもある．本章で学んだ内容は，栄養素の吸収や老廃物の排泄など生体が生きていくために必要な物質の動きを学ぶための基礎となる．

5章 細胞分裂

細胞が分裂するとき，どんなことが起きているだろうか？

　単細胞である受精卵が細胞数を増やし，個体を形成できるのは，細胞が「分裂する」ことができるからです．分裂とは1つの細胞が2つの娘細胞に分かれることで，同じ大きさの細胞に分かれることも異なった大きさの細胞に分かれることもあります．また，細胞分裂には，真核細胞の一般的な分裂である体細胞分裂と，生殖細胞がつくられる際の減数分裂があります．本章ではまず，体細胞分裂について学習します．

　細胞により差はありますが，一般的な体細胞は，24時間に1回くらいの割合で分裂します．細胞分裂に費やす時間は1時間程度ですが，分裂期（M期）以外の時期も，細胞分裂のための準備は続いています．特にDNAの複製は細胞分裂時とは別の時期（S期）に生じます．細胞分裂やDNA複製を含む細胞複製の全体の過程は「細胞周期」とよばれます．本章では体細胞分裂とともに，細胞周期全体についても概略を学びます．なお，DNAの複製については11章で学習します．

1　染色体

　真核生物ではDNAは主に核に存在しており，タンパク質と結合して**クロマチン**とよばれる線維状の複合体を形成している．これが染色体の本体である．

　ヒトの染色体といえば，一般的に図1左上のような像が示されることが多い．これは，間期（**3**参照）のなかのS期にDNAが複製して染色体数が倍加し（DNA量も2倍になっている），さらに分裂期（M期）に入って染色体が凝集することで識別できる状態になったものである．間期の染色体は核内に散らばっていて，その像を明確に捉えることはできない．

　染色体には全遺伝情報（ゲノム）を担うDNAが含まれている．ヒトの場合3×10^9塩基対のゲノムDNAを2組（両親からそれぞれ1組ずつ）もっている．

49

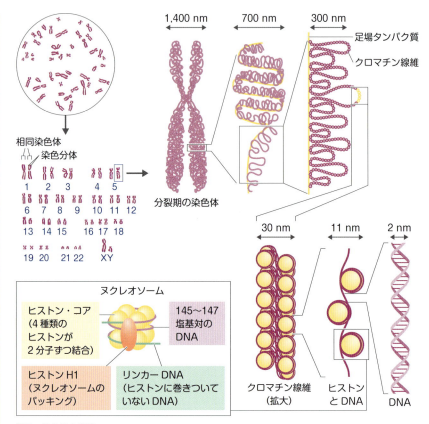

図1 染色体の構造

　これらのDNAはつなぎ合わせて伸ばすと約2 mにもなる．しかし，DNAを内包する細胞の核は小さい細胞だと直径5 μmほどしかない．この驚異的なサイズの違いを解決しているのが，ヒストンを中心としたヌクレオソーム構造とそれらを折り畳んだクロマチン線維である．ヌクレオソームは，八量体を形成しているヒストン・コア（4種類のヒストンタンパク質が2分子ずつ結合して複合体を形成したもの）を芯として，そこに145～147塩基対の二本鎖DNAが巻きついたものである．このヌクレオソームが数十塩基対（10～80塩基対）のリンカーDNA（ヒストンに巻きついていないDNA）を挟んで連なり，さらにそれが折り畳まれて30 nmのクロマチン線維を形成していると考えられてきた（図1）．しかし，電子顕微鏡解析技術の発達により，近年クロマチン線維の存在が議論されるようになった．規則正しく折り畳まれているわけではなく，大部分が不規則に収納されている可能性が示唆されている．

2 体細胞分裂（有糸分裂）

a 体細胞分裂の全体像 （図2）

　細胞分裂には体細胞分裂（有糸分裂）と減数分裂がある．減数分裂は生殖細胞形成のための分裂様式であり，細胞あたりのDNA量が母細胞とは異なる娘細胞

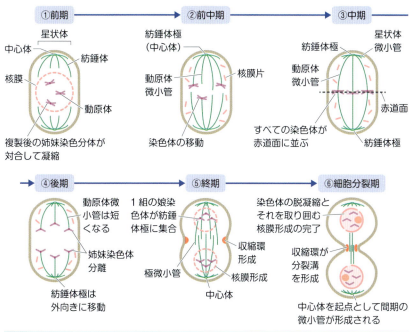

①前期	複製された染色体が姉妹染色分体として結合・凝集する（染色体像が明確になる）．核外では中心体が2つに分かれて移動しはじめるとともに，2つの中心体の間に紡錘体が形成される．両極に分かれて紡錘体を形成した状態の中心体を，紡錘体極（または星状体）とよぶ．
②前中期	核膜が消失し，染色体が動原体で紡錘体微小管と結合する．動原体と結合した紡錘体微小管を動原体微小管とよぶ．
③中期	染色体が細胞の中央付近（紡錘体赤道面）に集まり，対をなす染色体の動原体微小管は，それぞれ反対側の紡錘体極に付着する．両極の紡錘体極は，星状体微小管によって細胞膜に固定される．
④後期	染色体（姉妹染色分体）が2つに分かれ，それぞれが細胞の両端に移動する．このとき，動原体微小管が短縮する力と，星状体微小管を介して外向きに引っ張る力，そして両極から伸びた極微小管の間での滑りの力が作用している．
⑤終期	1組の染色体が両側の紡錘体極に到着し，凝集していた染色体がほぐれて像が曖昧になる．これらの染色体周囲に新たな核膜が形成されるとともに，収縮環が形成される．
⑥細胞分裂期	収縮環が分裂溝を形成して細胞質分裂が起こる．

図2　体細胞分裂のM期における変化

がつくられる．一方の体細胞分裂は，母細胞のDNA量が正確に娘細胞に引き継がれる必要があり，細胞周期の間期のうちS期でDNAが誤りなく複製（コピー）され，それらがM期で娘細胞に均等に分配されることが重要になる．

体細胞分裂期そのものは，**前期**，**前中期**，**中期**，**後期**，**終期**，**細胞分裂期**に分けることができる．それぞれの段階の特徴は図2の通りである（**3**も参照）．

b 中心体（図3）

中心体は動物細胞の核の近くに位置する細胞小器官である．中心体は互いに直角に位置する2個の中心小体からなる．中心小体は，9組の三連微小管が環状に並んだ円筒形の構造をしている．S期には，DNA複製とともに中心体も複製する．M期に入ると，2つの中心体において微小管が形成されて，多数の微小管が中心体から外に伸びた構造（**星状体**）となる．微小管の伸長に伴って2つの星状体は互いに離れ，前中期には両極への移動を完了する．両極の星状体から反対極に向かって微小管が伸長し，**紡錘体**となる．

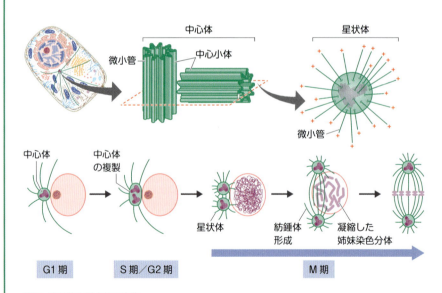

図3　中心体と微小管の変化
「キャンベル生物学 原書9版」，丸善出版，2013および「Essential細胞生物学 原著第5版」，南江堂，2021を参考に作成．

c 動原体（図4）

　ゲノムDNAには，凝縮した状態（ヘテロクロマチンとよぶ）の領域と，必要に応じて凝縮構造がゆるみ，転写が可能になる領域（ユークロマチンとよぶ）の2種類が存在する．染色体の中央付近に位置する**セントロメア**では，DNAが凝縮されて存在しており，転写は行われないが，この部位には動原体とよばれるタンパク質複合体が存在し，体細胞分裂および減数分裂の際に，染色体を紡錘体微小管へ連結する．また，動原体は姉妹染色分体をつなぐ機能ももっている．

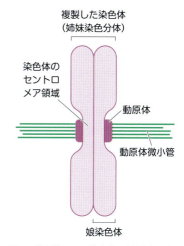

図4 動原体による染色体と紡錘体の結合
「Essential細胞生物学 原著第5版」，南江堂，2021を参考に作成．

d 紡錘体（図5）

　紡錘体は，微小管とそれに結合するさまざまな微小管結合タンパク質で構成されており，細胞分裂の際に形成される．紡錘体の微小管は，αおよびβチューブリンタンパク質からなる二量体が13個重合して一周した形の管状で，チューブリンタンパク質の重合と脱重合によって伸縮する．微小管の重合・脱重合が

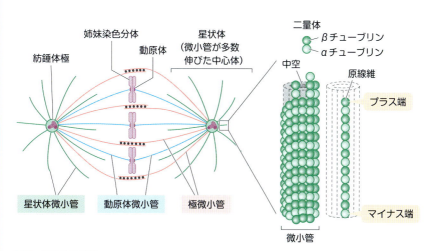

図5 紡錘体の構造
「Essential細胞生物学 原著第5版」，南江堂，2021を参考に作成．

さかんな末端をプラス端（βチューブリン側），もう片方をマイナス端（αチューブリン側）とよぶ．微小管はプラス端方向に伸長し，もう片方のマイナス端は中心体につながっている．

M期では中心体から微小管が多数突き出た星状体が，細胞分裂時の極（紡錘体極）を形成する．前中期に核膜が断片化すると，両極の星状体から伸びた微小管が凝縮した染色体を動原体部分で捕捉する．このように染色体に結合する**動原体微小管**のほかに，染色体には結合せず反対極から伸長してきた微小管と相互作用する**極微小管**や，星状体と細胞膜をつなぐ**星状体微小管**が星状体から伸びている．一般的に紡錘体とは，これらの微小管と星状体（中心体）全体を指す．また教科書によっては，紡錘体微小管のことを**紡錘糸**と記しているものもある．

e 赤道面 （図6）

赤道面は，実在の細胞構造ではなく，細胞分裂を捉える際に仮想的に名付けられた平面である．

染色体の動原体を微小管が捉えると，その染色体は微小管が伸びてきた紡錘体極に向かって移動しはじめる．しかしこの動きは，反対極から伸びてきた微小管に捉えられると止まる．そして，両極から伸びた微小管による綱引き状態となり，染色体は両方から引っ張られて行ったり来たりするが，最終的には両極から等距離の部位に止まる．このようにして，中期にはすべての染色体が2つの紡錘体極の中間領域に並ぶ．この面を赤道面とよぶ．

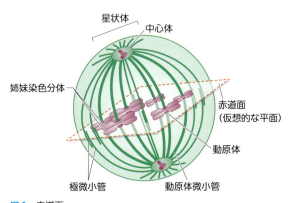

図6　赤道面
「キャンベル生物学 原書9版」，丸善出版，2013を参考に作成．

f 娘染色体・姉妹染色分体（図7）

S期を経て2つに複製した染色体を姉妹染色分体とよぶ．姉妹染色分体は，M期には分離して両極に移動し，それぞれが新たな細胞（**娘細胞**）の染色体群を形成する．このように姉妹染色体が分離した状態が娘染色体である．

姉妹染色分体は，コヒーシンというタンパク質複合体の働きによって長軸方向に沿って接着している．また，姉妹染色分体は，セントロメアでより強固に接着している（**c**を参照）．染色体像でくびれて見える部分（X型像の交叉部分）がセントロメアであり，ここを境界として短い方を短腕，長い方を長腕とよぶ．姉妹染色分体がX型に見えるのは，この長腕と短腕部分のコヒーシンが外れたためである．

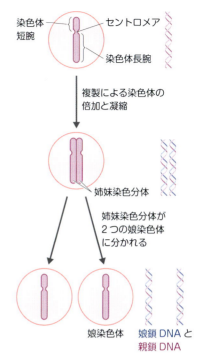

図7　娘染色体の形成
「キャンベル生物学 原書9版」，丸善出版，2013 を参考に作成．

g 細胞質分裂（図2）

細胞質分裂は細胞分裂の最終段階であり，核分裂に引き続いて細胞を物理的に2つに分離する過程のことである．分裂期後期になると，中央紡錘体が形成されて，細胞中央付近に分裂面の位置が決定される．中央紡錘体は，両極から伸びた紡錘体微小管（極微小管）が重なって束ねられた構造物である．さらに，細胞膜直下の細胞質中には，アクチン線維とミオシン線維でできた**収縮環**が形成される．この収縮環が収縮すると，細胞表面にくびれが生じる．このくびれを**分裂溝**とよぶ．分裂溝は必ず紡錘体の長軸に対して垂直な面に生じるため，溝が深くなっていくと，先に両極へ分かれた染色体群の間で分割されることになる．このように体細胞分裂では，分裂によって生じる娘細胞の大きさはほぼ等しい（対称分裂）．しかし胚形成などでは紡錘体が非対称に位置し，大きさの異なる娘細胞が形成されることがある（非対称分裂）．そのような場合，2つの細胞間で受け継がれる分子成分が異なることになり，娘細胞はそれぞれ別の型の細胞となる．

3 細胞周期

a 細胞周期の全体像（図8）

　1個の細胞が分裂して2個の同じ細胞が生じる細胞増殖においては，分裂前に細胞が保持する遺伝情報（DNA）を2倍にする必要がある．この2倍化の過程とそれに続く分裂の過程までの一連の流れを**細胞周期**または**細胞分裂周期**とよぶ．

　細胞周期はM期・G1期・S期・G2期の4つに分けられ，一方向に進行する．また，各段階が完了するまで，次に進むことはない．それぞれの段階は以下の通りである．なお，細胞周期を分裂期（M期）かそれ以外か（**間期**）として捉えることもあり，その場合，G1期・S期・G2期をまとめて間期とよぶ．

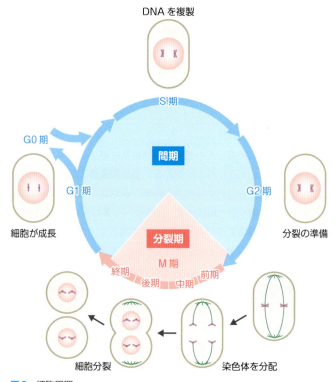

図8　細胞周期
「大学で学ぶ身近な生物学」（吉村成弘/著），羊土社，2015を参考に作成．

b M期（Mitotic phase）

体細胞分裂期である．2において述べたように，M期は細胞内動態に従って，さらにいくつかの段階に分けることができる．

c S期（Synthetic phase）

DNA合成期（**DNA複製期**ともいう）である．分裂の前には，DNAを正確に複製して2倍にしておかなければならない．そのための期間がS期である．DNAの複製については11章で学習する．

d G1期・G2期（Gap phase）

それぞれS期とM期の間の時期を指す．これらの段階では，細胞周期を正常に動かすために重要な**チェックポイント機構**が働いている．次の段階（DNA合成もしくは体細胞分裂）を実施する条件が整っていない場合，チェックポイント機構が働いて細胞周期をすみやかに停止する．またG1期では，細胞が休止期（**G0期**）に入るか，それとも次の細胞周期（増殖サイクル）を開始するかについての決定も行われている．

e サイクリン

細胞周期を進行させているのは，サイクリンと**サイクリン依存性キナーゼ**（Cyclin dependent protein kinase，CDK）というリン酸化酵素複合体であり，これを細胞周期エンジンとよぶ．サイクリンやCDKはそれぞれ数種類存在し，組合わせの異なるサイクリン–CDK複合体が，細胞周期の特定の時期の進行を担当している．前述のチェックポイント機構では，サイクリンの分解などによって細胞周期エンジンの活性を抑制し，細胞周期の進行を停止する．

細胞分裂周期は精密なプログラムで制御されている

　細胞分裂は精密にプログラムされた周期的変化によって進行する．数十億にわたるDNAを正確に複製し，2つの核に分け，また細胞小器官も2つの細胞に正確に分配する．このようなダイナミックな過程をくり返して，生物は成長する．

6章 生殖

私たちはどのようにして子孫を残すのだろうか？

　生殖とは生物が自分と同じ種となる個体をつくることです．5章では細胞分裂について学びましたが，単細胞生物であれば，細胞分裂も1つの細胞から2つの娘細胞ができることになりますから，生殖ともいえます．しかし，多細胞生物の多く，特に脊椎動物では，一部の例外を除き，各個体の生殖にかかわる細胞（精子や卵子などの配偶子）の接合により新しい個体がつくられます．接合子を供給するのが「親」となり，その結果生じるのが「子」ということになります．また，接合子は通常「雄性（オス，♂）」「雌性（メス，♀）」があり，オスとメスの接合子が接合して新しい個体をつくることになります．したがって，子はオスから受け継がれた遺伝情報とメスから受け継がれた遺伝情報を用いて表現型をつくることになります．

　本章では，生殖の基本的な概念をまず学び，次に性決定のしくみを学習します．そして接合子の形成過程と形成のために重要な減数分裂についても学びます．その後，ヒトを例に，生殖器の構造や精子・卵子の形成過程の概要と機能の調節についても学んでいきます．詳しい内容はこれから専門課程でも学びますから，ここでは細かい内容をすべて覚えるのではなく，生殖の全体像を理解することを心がけましょう．

1　無性生殖と有性生殖

a　無性生殖（図1）

　配偶子（精子や卵子）が接合する過程（**受精**）を経ることなく，**分裂**や**出芽**，**栄養生殖**などの方法で個体の一部から子を生じる方法を無性生殖という．例えば単細胞生物のゾウリムシは分裂によって増殖し，出芽酵母はその名の通り出芽で増殖する．また，多細胞生物でもヒドラは出芽で増殖する．一方，栄養生

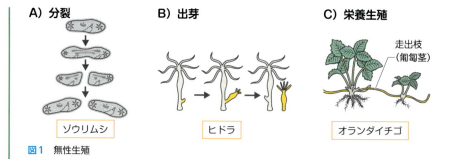

図1　無性生殖

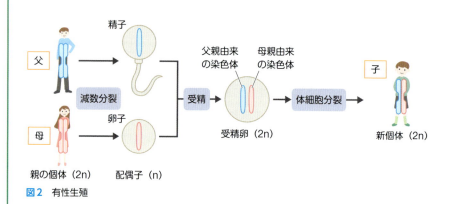

図2　有性生殖

殖はオランダイチゴなどの植物でみられることが多く，花など生殖器官以外の器官（根，茎，葉など．栄養器官とよばれる）から子をつくる．また，ハチやアリ，アブラムシなどは卵子のみで子をつくることができる（**単為生殖**とよぶ）ほか，脊椎動物でも魚類や爬虫類などで単為生殖の例が確認されている．

b 有性生殖（図2）

　性の異なる2種類の生殖細胞が合体（**接合，受精**）することにより，新しい個体が形成されることを有性生殖という．有性生殖を行う生物は通常**二倍体**（各染色体が2本）であるが，有性生殖のために一倍体の生殖細胞（**配偶子**）をつくる．配偶子形成の過程ではそれぞれ減数分裂が行われる（後述）．

　生殖細胞は個体の発生初期に出現する始原生殖細胞からはじまり，雌雄それぞれの生殖巣に移動した後で，それぞれの性特異的に分化し，最終的に配偶子である卵子および精子が形成される．

　ヒトでは，卵子は直径約120 μmの大形細胞で，遺伝情報とともに栄養分を蓄積している．一方，精子は長い鞭毛を有する頭部直径約5 μmの小形細胞で，運

動性が高い．卵子と精子の合体を**受精**とよび，その結果生じる細胞を**受精卵**という．

c 性の決定と染色体

性を決定するしくみは，生物によってさまざまであるが，遺伝子によって決定される場合と環境によって決定される場合の2つに分けることができる．環境によって決定される例として，ワニやカメ，そして一部のトカゲなど爬虫類の**温度依存型性決定機構**（胚発生途中の温度によって性が決定される）があげられる．また魚類のなかには，集団の社会構造の変化に応じて性転換するものもいる．

一方，ヒトを含む哺乳類や鳥類は，遺伝子によって性を決定している（**表1**）．遺伝子型性決定を担っているのが**性染色体**である．性染色体にはX，Y，Z，Wの4種類の染色体が存在する．哺乳類は雌がX染色体を2本もつ性決定方式（**雄ヘテロXY型**）を用いており，鳥類では雄がZ染色体を2本もつ方式（**雌ヘテロZW型**）によって性が決定されている．これ以外に，Y染色体やW染色体が関

表1 性染色体の型と性決定

型		親	配偶子 （精子・卵子）	受精卵 （子）	性比	生物例
雄ヘテロ	XY型	雌 2A + XX 雄 2A + XY	A + X A + X A + X A + Y	2A + XX 雌 2A + XY 雄	1 : 1	ヒト, ウマ, ネコ, ネズミ, グッピー, ショウジョウバエ, アサ, クワ
	XO型	雌 2A + XX 雄 2A + X	A + X A + X A + X A	2A + XX 雌 2A + X 雄	1 : 1	バッタ, キリギリス
雌ヘテロ	ZW型	雌 2A + ZW 雄 2A + ZZ	A + W A + Z A + Z A + Z	2A + ZW 雌 2A + ZZ 雄	1 : 1	ニワトリ, カイコガ
	ZO型	雌 2A + Z 雄 2A + ZZ	A A + Z A + Z A + Z	2A + Z 雌 2A + ZZ 雄	1 : 1	トビケラの一種, ミノガ

Aは常染色体を表す．
「やさしい基礎生物学 第2版」（南雲 保／編著），羊土社および「新課程 視覚でとらえるフォトサイエンス生物図録」（鈴木孝仁／監），数研出版，2012を参考に作成．

与せず，片側の性がX染色体あるいはZ染色体1本だけで決定される性決定様式もある（**雄ヘテロXO型**，**雌ヘテロZO型**）．

ヒトのX染色体は約 1.6×10^8 塩基対で形成されており，このなかに約1,000個の遺伝子がコードされている．X染色体上の遺伝子は，性決定に関係なく生存に重要な機能を担っているものが多い．一方，ヒトのY染色体は約 5.1×10^7 塩基対からなり，80個ほどの遺伝子しか含んでいない．そのうちの1つである**SRY遺伝子**は，生殖腺に働きかけて精巣に分化させる機能を担っている．SRY遺伝子の働きによって生殖腺が精巣へ分化すると，ここから分泌される雄性ホルモンが個体の雄性化を進める．SRY遺伝子が発現しない場合には生殖腺は卵巣に分化し，個体は雌となる．

2 減数分裂と接合子の形成

a 減数分裂 （図3）

減数分裂は，精子や卵子といった配偶子を形成する際に行われる．体細胞分裂では，分裂後の娘細胞は親細胞と同じ二倍体（各染色体が2本）であるが，減数分裂では第一分裂と第二分裂の2回の細胞分裂が連続して起こるため，一倍体（各染色体が1本）の細胞が4個つくられる．

減数分裂の最初には，体細胞分裂と同様に，まずDNA複製が起こり，姉妹染色分体を形成する．二倍体細胞には父方由来の染色体と母方由来の染色体が一対ずつ含まれており，これらを**相同染色体**とよぶ．第一分裂期に入ると，倍化したそれぞれの相同染色体は対合して**二価染色体**を形成し，4本の染色分体が束になった形となる（二価染色体形成のために相同染色体を密着させるはしご状の構造をシナプトネマ構造とよぶ）．

その後，相同染色体は父方由来と母方由来の染色体に分かれて，それぞれ娘細胞へ分配される．いったん対合して再び分裂するという過程は，一見むだな動きのようだが，この時期には**交叉**とよばれる遺伝子組換えが行われる．交叉は，父方由来の染色体と母方由来の染色体が相同な領域において組換えが起きるしくみである．これによって親世代とは異なる遺伝子の組合わせをもつ配偶子がつくり出される．交叉が起こっている場所をキアズマとよび，各相同染色体あたり1〜数カ所ほど形成される．

第一分裂が終了すると，そのまま第二分裂がはじまる．第一分裂で父方由来・母方由来の染色体を分配された細胞は，第二分裂によって，それぞれの姉妹染色分体が分離し，一倍体の娘細胞（配偶子）を生じる．

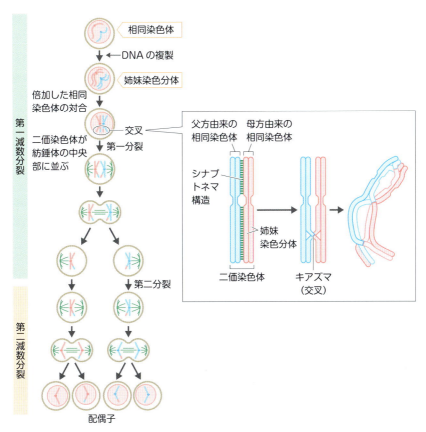

図3 減数分裂の概略図
右図は二価染色体の形成と相同染色体間の交叉を示す．中央のキアズマの図は，組換えが1カ所でのみ生じるように描いているが，実際の組換えは右端のように複数の場所で起こり，染色体全体がモザイク状になる．
「理系総合のための生命科学 第5版」（東京大学生命科学教科書編集委員会／編），羊土社，2020および「Essential 細胞生物学 原著第5版」，南江堂，2021を参考に作成．

b 精子の形成（図4A）

　　生殖細胞は**始原生殖細胞**から生じる．始原生殖細胞は胚発生時に生殖腺原基に移動して雄の場合は**精祖細胞**となり，思春期まで増殖を停止している．
　　思春期において下垂体前葉から性腺刺激ホルモン〔黄体形成ホルモン（LH）と卵胞刺激ホルモン（FSH），後述〕が分泌され，それぞれ精巣の間質組織にあるライディッヒ（Leydig）細胞と精細管内のセルトリ（Sertoli）細胞を刺激する．刺激を受けたこれらの細胞は精祖細胞に作用し，精細管の基底膜部分に位置していた精祖細胞は増殖を開始する．

精祖細胞は，分裂・分化して一部が**一次精母細胞**となる．一次精母細胞は精細管の内腔側に移動してDNA複製を行った後，減数分裂の第一分裂に進んで2つの**二次精母細胞**をつくる．その後，第二分裂を経て4つの**精子細胞**ができる．精祖細胞から精子細胞が形成されるまで，細胞同士は細胞間橋により細胞質がつながった状態となっている（シンシチウム構造）．また精子細胞がさらに分化し，先体の形成と核の濃縮・伸張，鞭毛の発達と細胞質の大量の脱失などの変態を経て，精子として精細管内腔へと放出される．そしてヒトの場合は精巣上体で成熟し，運動性を獲得する．

c 卵子の形成（図4B）

卵子も精子と同じく**始原生殖細胞**を起源とし，始原生殖細胞は卵巣原基に移動して**卵祖細胞**へと分化するが，その後の増殖や成熟過程は，精子と大きく異なっている．

卵祖細胞は発生段階から増殖を開始し，胎生期で最も多くなる．それらはすべて減数分裂に進んで第一分裂前期で停止する．このように第一分裂で停止した細胞を**一次卵母細胞**とよぶ．一次卵母細胞は，1つずつ**卵胞細胞**とよばれる支持細胞にとり込まれて卵胞を形成し，以降は成熟して排卵までこの状態で維持されている．ほとんどの卵祖細胞は一次卵母細胞になって卵胞を形成する．しかし，大部分の卵胞は卵胞閉鎖という退行過程を経て消失する．ピーク時には700万個ほどあった卵胞（一次卵母細胞）は，出生時には約200万個に減少し，思春期にはさらに減って約10〜30万個になる．月経周期では1回につき1個の卵母細胞が排卵される．女性の生殖可能期間が40年ほどであると仮定しても，その期間に排卵される卵母細胞は450個程度であり，大多数の細胞は卵胞閉鎖によって失われている．

思春期に下垂体から放出される性腺刺激ホルモンの刺激によって，第一分裂前期に停止していた一次卵母細胞は，第一分裂を完了して**二次卵母細胞**となる．このとき，染色体は2つの娘細胞に等しく分配されるが，細胞質はほとんどが片側の娘細胞に引き継がれることになる．細胞質を受け継いだ方の細胞が二次卵母細胞となり，もう片方は**極体**となる．極体は第二分裂の際にも形成されるが，受精や発生に関与することなく消滅するため，1つの卵祖細胞からは1つの**卵母細胞**が形成される．

二次卵母細胞は第二分裂の中期まで進むと再び分裂を停止し，この状態で排卵が起こる．一般的に排卵されたものを卵子（卵）とよぶが，実際にはこれは二次卵母細胞である．二次卵母細胞は，受精が起こったときにはじめて第二分裂を完了して成熟卵（受精卵）となる．

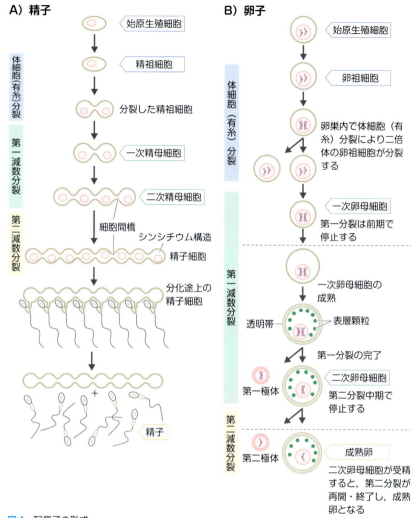

図4 配偶子の形成
「理系総合のための生命科学 第5版」(東京大学生命科学教科書編集委員会/編), 羊土社, 2020を参考に作成.

3 ヒト生殖腺の構造

a 精巣と付属器官（図5）

精巣は卵形の器官で，陰嚢とよばれる左右の袋に収まっている．1つの大きさは10〜15g程度である．内部は200〜300個の小葉に分かれ，それぞれの小葉

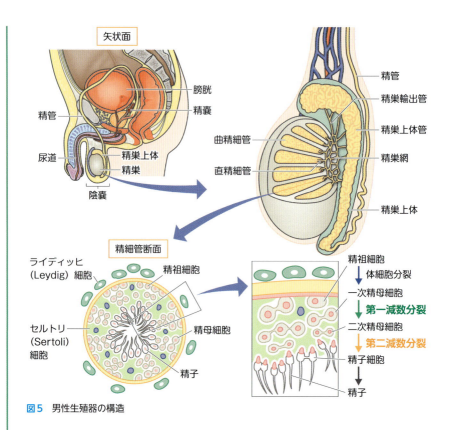

図5 男性生殖器の構造

は直径約 0.2 mm の精細管とよばれるらせん状の細い管と，その周囲にある**ライディッヒ (Leydig) 細胞**で構成されている．精子は精細管の中でつくられる．精細管は，精巣1つに 250〜1,000 本ほど存在し，**セルトリ (Sertoli) 細胞**（精細管壁から内腔側に向かって伸びた柱状の支持細胞．精子細胞の保護と分化を助ける）と分化段階の異なる精子細胞からなる．精子細胞は，精細管の外側から内腔に向かって移動しながら減数分裂を行って精子への分化を進める．精子はここから精巣網（精細管が集合した部位）に移行し，精巣輸出管を通って精巣上体へ送られ，運動能力と受精能力を獲得して成熟し，精管に移動する．

b 卵巣（図6）

卵巣は長さ 3〜4 cm，幅約 1.5 cm，重さは 5〜15 g 程度の楕円形の器官である．表面は腹膜とつながる表層上皮で覆われていて，子宮広間膜の背面に付着している．卵巣は卵の形成と成熟を担っているほか，エストロゲン（卵胞ホルモン）やプロゲステロン（黄体ホルモン）を分泌する．卵巣内部は，卵胞を含

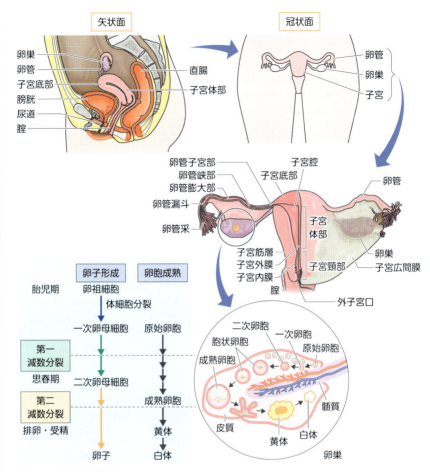

図6 女性生殖器の構造
右下の○で囲った図は，卵巣での卵子成熟過程を時間経過に沿って並べたものである．実際には，各段階の細胞が同時に存在するわけではない．

む皮質と卵巣門から続く髄質からなり，皮質には分化段階の異なる**卵胞**（原始卵胞，一次卵胞，二次卵胞，胞状卵胞，成熟卵胞）が存在する．卵胞数は，胎児期には数百万個となるが，その多くは変性・消失して思春期には10〜30万個にまで減少する．最終的に，成熟卵胞となって排卵に至るものは一生のうちで400〜450個ほどである．

c 卵管（図6）

卵管は，卵巣から排卵された卵子を子宮に運ぶ長さ10cmほどの管状器官である．平滑筋で構成されていて，収縮・弛緩運動をくり返して卵子を輸送する．

卵管も，全長に渡って子宮広間膜に包まれており，4つに区分される．腹腔口から続く卵管漏斗の部分は，卵巣側に開いた部分が房状に広がった<mark>卵管采</mark>という構造をとり，卵巣から<mark>腹腔内へ排卵された卵子を捕捉する</mark>役割（精管と精巣上体のように直接つながった構造ではない）を担っている．また，卵管漏斗に続く<mark>卵管膨大部</mark>は受精の場となっている．

d 子宮（図6）

子宮は腟の上方にある洋梨型の中空器官で，直腸と膀胱の間に位置する．非妊娠時の重量は約50 g，子宮内腔容積は2 mLほどだが，妊娠時は拡張し，妊娠後期には重量1 kg，内腔容積は4,000～5,000 mLになる．子宮の上方約2/3を子宮体部，下方約1/3を子宮頸部という．子宮の壁は，子宮内膜（子宮腺を豊富に含む粘膜），子宮筋層，子宮外膜（腹膜）によって構成されている．月経周期がはじまると，受精卵の着床に備えて，子宮内膜は肥厚と脱落をくり返す．このときに脱落する部分は内膜表面の機能層であり，内膜深部の基底層が残る．

4 ヒト外性器の構造

外性器とは，身体表面から観察できる性器のことである．男性では陰茎と陰嚢，女性では恥丘，大陰唇，陰核，小陰唇，腟前庭などを指す．

a 男性外性器（図7A）

1）陰茎

精液と尿を放出する器官であり，背側（後方）の陰茎海綿体，腹側（前方）の尿道海綿体，先端の亀頭からなる．尿道海綿体の中央を尿道が通り，亀頭の先端に外尿道口が開いている．尿道は尿路であると同時に精液の通路でもあり，射精・排尿のどちらかが行われているときには，括約筋が収縮して他方の流れを遮断している．海綿体には多数の血管が通っており，血液が充満することによって勃起が生じる．

2）陰嚢

精巣・精巣上体および精索（動脈・静脈・精管が束になった部位）の一部を包んだ袋状の構造物である．陰嚢は表面に多数のヒダを有し，皮下には平滑筋層（肉様膜とよばれる）が発達しており，周囲の温度を感知して陰嚢の収縮・弛緩を行い，精巣の温度を一定に保つよう調節している．

b 女性外性器（図7B）

1）恥丘

陰裂（大陰唇に挟まれた開裂部）の上部にある緩やかな隆起部位を指す．

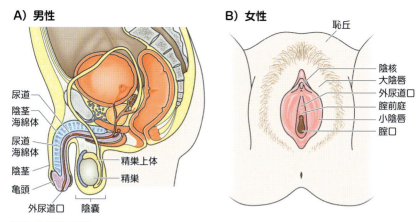

図7　外性器の構造

2）大陰唇
陰裂を囲む皮膚の膨隆部のことである．陰裂内部には外尿道口・腟口・陰核・小陰唇らが含まれる．発生学的には男性の陰嚢に相当する．

3）陰核
小陰唇の前端で，外尿道口の前に位置する部分を指す．発生学的には男性の陰茎に相当する．

4）小陰唇
腟前庭を挟んで位置する左右一対のヒダ状の部位で，成人では大陰唇によって覆われている．

5）腟前庭
陰核と小陰唇に囲まれた領域であり，前方に外尿道口，後方に腟口を含む．

5　ヒト性周期と排卵（図8）

成人女性では下垂体ホルモンの作用によって，卵巣と子宮に周期的な変化（性周期）が誘導される．卵巣の周期を**卵巣周期**，子宮の周期は**月経周期**とよぶ．

a　卵巣周期

卵子と卵胞の形成サイクルで，下垂体前葉から分泌される性腺刺激ホルモン（後述）で調節されている．ヒトでは，原始卵胞の一部はホルモンとは関係なしに成熟を開始し，約120日で二次卵胞になる．卵巣周期では成熟した二次卵胞が以下の3つの段階でさらに成熟し，排卵される．

1) 卵胞期

周期前半の卵胞期では，卵胞刺激ホルモン（FSH）の働きによって二次卵胞が成熟段階を進み，胞状卵胞を経て，成熟卵胞〔グラーフ（Graaf）卵胞〕となる．通常，15〜20個ほどの原始卵胞が発育を開始するが，最終的には1つの卵胞のみが成長して他は退化する．成熟段階が進むと，卵胞からのエストロゲン分泌量が増える．高濃度のエストロゲンは，正のフィードバックによって下垂体を刺激し，性腺刺激ホルモン分泌量を一過性に亢進させる．特に黄体形成ホルモン（LH）の分泌量の増加は顕著であり，LHサージとよばれるピークが観察される．

2) 排卵期

LHサージによって成熟卵胞のなかから卵子が放出される．

3) 黄体期

排卵後の卵胞内で黄体が形成される．黄体はプロゲステロン（黄体ホルモン）を分泌して子宮内膜の肥厚を促し，受精卵の着床準備を整える．受精がない場合，黄体は2週間ほどで退化して白体となるため，エストロゲンとプロゲステロンの量が減少する．排卵した卵子が受精して着床した場合，黄体は妊娠黄体に変化して妊娠を維持する．

b 月経周期

子宮は受精卵を着床させ育てる器官で，卵巣から分泌されるホルモンによって周期的な変化が起こる．これが月経周期で，約28日で1回の周期を終える．月経周期も，以下の3つの段階に区分される．

1) 増殖期

周期前半の増殖期には，エストロゲンの刺激で子宮内膜が増殖して厚くなり，血管網が発達するようになる．排卵が近付くと子宮頸部腺の粘液分泌が亢進し，精子の通過を容易にする．

2) 分泌期

卵巣で排卵が起こった後，黄体から分泌されるプロゲステロンとエストロゲンの作用で子宮内膜はさらに厚みを増し，受精卵の受け入れ体制を整える．また子宮内膜腺からの粘液の分泌も亢進して，受精卵が着床しやすい状態をつくる．

3) 月経期

受精・着床がなかった場合，前述の通り黄体は退縮する．これによってプロゲステロンとエストロゲンの分泌量は低下し，肥厚していた子宮内膜組織（機能層）は脱落して月経血として排泄される．

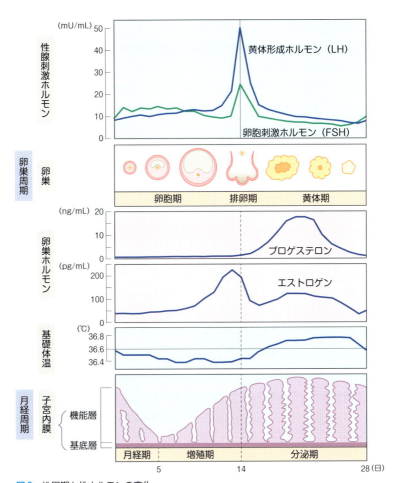

図8 性周期と性ホルモンの変化
「カラーイラストで学ぶ 集中講義 生理学 第3版」（岡田隆夫／編），メジカルビュー社，2022を参考に作成．

6 生殖腺に作用するホルモン（性ホルモン）（図9）

a 性腺刺激ホルモン放出ホルモン（ゴナドトロピン放出ホルモン：GnRH）

視床下部でつくられ，下垂体前葉における性腺刺激ホルモンの生成と分泌を促進する．通常はエストロゲンによって負のフィードバックを受けるが，排卵直前には正のフィードバックに切り替わり，卵胞刺激ホルモン（FSH）と黄体形成ホルモン（LH）の分泌を急激に促進する．

b 性腺刺激ホルモン（ゴナドトロピン）

卵胞刺激ホルモン（FSH）および黄体形成ホルモン（LH）を指す．

1）卵胞刺激ホルモン（FSH）

下垂体前葉から分泌される．女性では卵胞を刺激して卵胞の成長を促す．男性では精細管のセルトリ細胞を刺激して精子の分化・成熟を促進する．

2）黄体形成ホルモン（LH）

下垂体前葉から分泌される．女性では排卵を促し，排卵後に残った卵胞を黄体化する．男性では精巣のライディッヒ細胞を刺激してテストステロンなどの産生・分泌を促し，精子形成を促進する．

c テストステロン

男性ホルモン（アンドロゲン）の1つであり，精巣のライディッヒ細胞から分泌され，精細管のセルトリ細胞に作用して精子形成促進に働く．また，男性生殖器の成熟，二次性徴の発現，成長ホルモン刺激による筋肉や骨の発育促進などの作用を示す．テストステロンの分泌は，下垂体前葉から分泌されるLHによって促進される．

d エストロゲン（卵胞ホルモン）

卵巣から分泌される女性ホルモンの1つ．卵胞から分泌され，卵胞の成長とともに値が上昇する．二次性徴の発現や，子宮内膜の増殖など妊娠の準備と維持に働く．参考書によってはエストラジオールと書いている場合があるが，これは3種類のエストロゲンのなかの1つであり，最も生理活性が強いホルモンを指している．卵胞からはエストラジオールが最も多く分泌される．

e プロゲステロン（黄体ホルモン）

卵巣から分泌される女性ホルモンの1つ．卵胞，特に排卵後に卵胞が変化してできる黄体から分泌されるホルモンであり，子宮内膜を維持する．また視床下部の体温中枢を刺激して基礎体温を上げる．

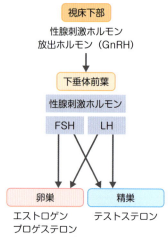

図9 性ホルモンの分泌経路

生殖の意義：多様な個性をもった子孫を残し，環境の変化にも対応する

　子孫を残すため，生物はさまざまな手段で生殖を行う．ヒトを含んだ哺乳類では遺伝子により性が決定され，減数分裂という特殊な方法で配偶子である精子・卵子がつくられる．それぞれの配偶子は各染色体を1本ずつしかもたないが，交叉により両親からの遺伝情報をモザイク状に受け継ぐ．このしくみにより，遺伝情報はより多様となり，さまざまな形質を発現できる．そのため環境の変化にも適応することが容易となる．進化を重ねるなかで私たちの祖先が子孫を残すために獲得した重要な機能である．

7章 生物の発生と細胞の分化

受精卵はどのような過程でヒト個体になるのだろうか？

　6章では生殖について学習しました．7章では，受精に続いて生じる個体の発生（受精卵が分裂・増殖しながらさまざまな形態に変化し，機能をもって1つの個体となるまでの過程）について学びます．個体発生を学ぶ前に，まず単細胞生物と多細胞生物の違いについて考えてみましょう．細胞が増えることで，細胞にはどのような変化が生じるでしょうか．また，細胞が増えてきたとき，細胞全体の生存を効率よく図るにはどのようなしくみが必要になるでしょうか．これらを考えれば，受精卵がどのような過程で増殖し，多くの異なる機能をもった細胞に変化する（これを「分化」とよびます）のかがわかります．

　詳しい内容は，発生学や組織学など専門教育で学ぶことになりますので，ここでは細胞の機能的分化と個体発生の全体像を理解しましょう．生物学において動物の発生は，ウニや両生類の受精卵を用いて語られることが多いですが，ここではヒトの発生について解説します．また，幹細胞やiPS細胞にも簡単に触れますので，興味のある人はさらに参考書などで学習してみてください．

> **memo** 発生の日齢は，受精日を0日とした満日齢で記載している．週齢表記の場合，発生第4週は受精後第3週終了日から満4週となるまでの1週間を指す．またヒトの発生段階は，受精から第1週を原胚子期（または受精卵期），第2週～第8週末を胚子期，第9週から出生までの期間を胎児期とすることが多いが，ここでは原胚子期を区別せず，第8週末までをすべて胚子期として記載している．

1 個体の発生

a 受精から桑実胚まで（図1）

女性生殖器へ送り込まれた数億個の精子のうち，受精の場に到達するのはわずか数百個であり，受精を完了させるのはそのなかの1個だけである．受精は**卵管膨大部**で行われる．受精とともに，卵子は第二減数分裂を完了させ最終的な卵子となって**女性前核**を形成する．一方の精子は，卵細胞中で細胞膜を失い，核が膨張して**男性前核**を形成する．続いて，それぞれの核膜が消失して卵子と精子のDNAが混在した状態となる．なお，ミトコンドリアにもDNAが存在するが，精子のミトコンドリアDNAは排除される．その後は1つの細胞として体細胞分裂（**卵割**）を行い（第一卵割），精子と卵子の両方のDNAをもった細胞として二細胞期を迎える．細胞分裂は受精から24時間以内に開始され，3日目には**桑実胚**となる．これら細胞分裂の間にも胚子は子宮腔へ向かって移動し続け，5.5～6日目には着床を開始する．

b 桑実胚から胚子の形成まで（図1, 2）

桑実胚が子宮腔に到達する頃には100個以上の細胞をもつ状態となっており，内部の細胞間隙に**胚盤胞腔**（**胞胚腔**）という中空構造を形成して**胚盤胞**〔胞（状）胚*〕となる．胚盤胞の細胞集団は内部細胞塊と外部細胞塊に分かれる．そのうち，内部細胞塊は個体形成の本体となり，**胚盤葉上層**と**胚盤葉下層**の二層に分かれる（二層性胚盤）．また，外部細胞塊は，栄養膜層を形成する．栄養膜は内部細胞塊側で子宮内膜に接するが，接着面側の栄養膜は，**栄養膜細胞層**と**栄養膜合胞体層**の二層に分かれる．このうち，子宮内へ侵蝕するのは栄養膜合胞体層であり，**絨毛**を形成する．その後，胚盤葉上層内に**羊膜腔**があらわれる．羊膜腔は出生まで胎児と**羊水**（胎児をとり囲む液体）を内包する．第9日頃には，胚子内で羊膜腔が広がり，**原始卵黄嚢**を囲む．この頃になると，栄養膜合胞体層は胚子全体を覆うようになる．その一方で子宮内膜深くにも侵入し続け，やがて母体の毛細血管を侵蝕・吻合し，胚子の空隙内へ母体の血液を誘導する．第11～12日頃になると，**胚外中胚葉**が出現して原始卵黄嚢を覆う．その後，第12～13日には胚盤葉下層が増殖して新しい膜を形成しはじめ，胚外中胚葉とともに原始卵黄嚢を分断する．胚子側に残った原始卵黄嚢は**二次卵黄嚢**となる．第14～15日には，二層性胚盤は二次卵黄嚢と羊膜腔に囲まれ，付着茎（後の臍帯）で吊り下がった構造をとる．

*胞（状）胚
多細胞生物における，卵割期が終わった胞状の胚の一般的な名称だが，哺乳類では胚盤胞とよばれる．

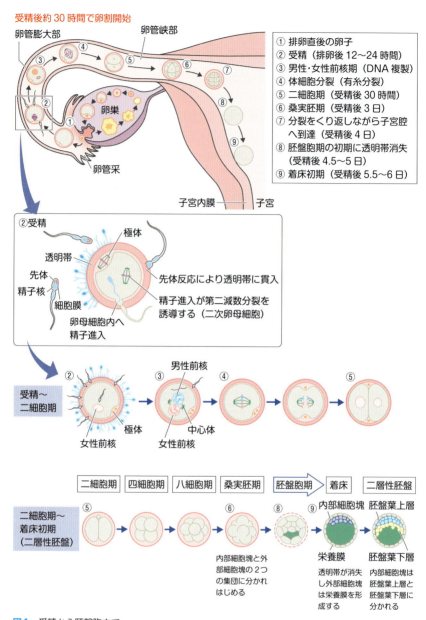

図1 受精から胚盤胞まで

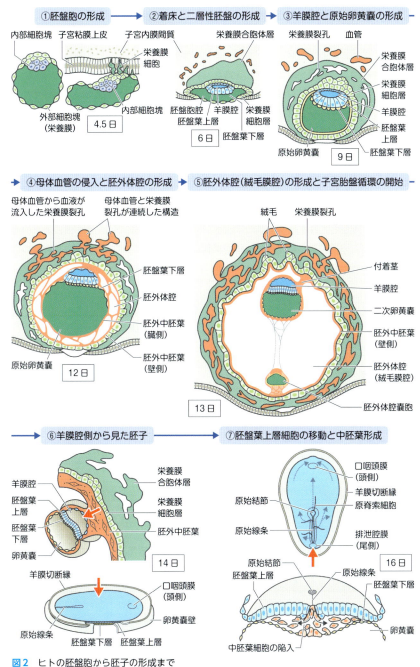

図2　ヒトの胚盤胞から胚子の形成まで
「ラングマン人体発生学 第12版」，メディカル・サイエンス・インターナショナル，2024を参考に作成．

c　3胚葉の形成（図3，表1）

胚子の体軸が決定すると，発生第3週には胚子表層に**原始線条**が形成され，原始線条に沿って上層から下層への細胞が移動（**原腸陥入**）し，3胚葉（**内胚葉，中胚葉，外胚葉**）分化がはじまる．

内胚葉層からは原腸が形成される．また，中胚葉からは脊索が形成されて，これが中軸骨格を誘導する．中胚葉は体の体節分化の主体となり，支持組織を形成する．外胚葉は，脊索に誘導されて神経板を形成し，そこからさらに神経管と神経堤を形成する．それ以外にも，3胚葉はさまざまな組織や器官を形成する．

3胚葉から組織や器官が形成されている間も，絨毛は発達し続け，子宮内膜の奥へと侵入していく．その後，子宮内膜と混ざり合って複雑な血管構造を形成し，発生3カ月を過ぎる頃には**胎盤**が完成する．胎盤では，母体側の血液の充満した絨毛間腔と胎児側の血液が流れる絨毛の間で，ガス交換や栄養物質の交換が行われる（図4）．

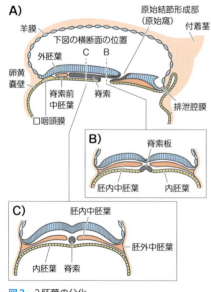

図3　3胚葉の分化
A)は17日胚子の矢状断面．
「ラングマン人体発生学 第12版」，メディカル・サイエンス・インターナショナル，2024を参考に作成.

表1　3胚葉から分化する主な器官

内胚葉
・消化器（胃，腸，肝臓，膵臓）
・呼吸器（咽頭，気管，気管支，肺）
・尿路（膀胱，尿道）

中胚葉
・循環器系（血液，血管，心臓，リンパ管）
・骨格系（骨，軟骨，結合組織）
・性腺（精巣，卵巣，子宮）
・腎臓，尿管

外胚葉
・皮膚（表皮，真皮，爪，水晶体）
・神経系（脳，脊髄，末梢神経）
・感覚器（視覚，聴覚，味覚，平衡感覚，嗅覚系）

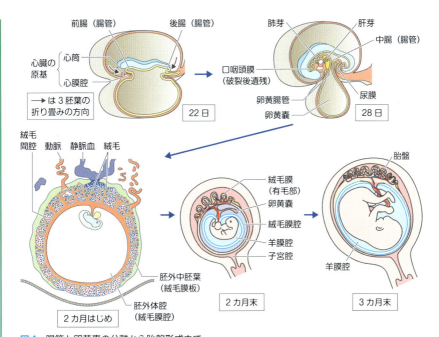

図4　腸管と卵黄嚢の分離から胎盤形成まで
「ラングマン人体発生学 第12版」，メディカル・サイエンス・インターナショナル，2024を参考に作成．

d 体節と鰓弓の形成および器官の形成（図5）

　　当初は複数の異なる機能をもつ細胞に分化することができた未分化細胞は，器官形成の過程で，徐々に特定の機能をもつ細胞に**分化**していく．そして，**上皮組織・結合組織・筋組織・神経組織**など，個体を構成する**組織**（後述）を形成する．さらにこれらの組織が身体機能を維持するために連携し，神経系，循環器系，呼吸器系，腎泌尿器系など特定の機能をもつ器官系となる．

　　脊索は中胚葉細胞が頭側方向へ遊走して形成される．それ以外の中胚葉は，正中を走るこの脊索の両脇に移行し，沿軸中胚葉，中間中胚葉，側板中胚葉となる．このうちの**沿軸中胚葉**が「くびれ」をつくって分節化し，**体節**となる．ヒトでは約8時間で1対の体節が出現し，最終的に42～44対の体節が形成される．体節は背部と腹壁の分節筋，椎骨・肋骨の原基となる．

　　一方，頭・頸部には鰓弓とよばれるくびれが生じる．ヒトでは第1から第6鰓弓まで形成され，それぞれの鰓弓から，脳神経，顔面や頸部の筋，顔面骨や喉頭軟骨などが生じる．

　　また，四肢は4週頃から発生し，8週までに指の分離が終了する．

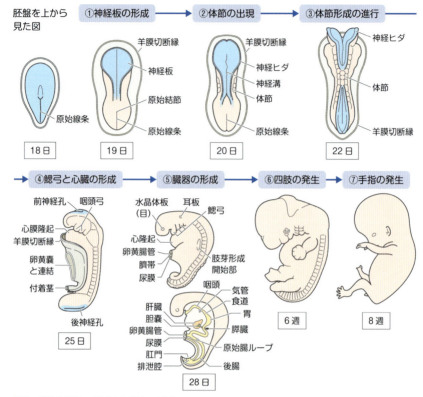

図5 体節と鰓弓の形成から器官の形成へ
「ラングマン人体発生学 第12版」，メディカル・サイエンス・インターナショナル，2024を参考に作成．

2 個体を構成する組織

　人体の構成は一見複雑であるが，基本は<u>上皮組織・結合組織・筋組織・神経組織</u>の4組織で構成されている．各組織は，特定の機能を担うために集まった細胞集団であり，細胞とそれらをつなぐ細胞外基質分子からなる．これらがさまざまな形に組合わさって，人体の器官を形成している．

a 上皮組織（図6）

　上皮組織は，近接して集合した多角形の細胞が互いに強く接着して構成され，細胞外基質上に位置する．組織全体としてはシート状もしくは管状の構造を形成する．上皮組織は身体の外表面や内表面（腸管などの体腔内面）を覆う組織であるため，器官の内外の物質が出入りする場合には，必ずこの組織を通過することになる．このため，上皮組織は体の表面や内面の被覆および保護以外に，

図6 種々の上皮組織
「医療・看護系のための生物学 改訂版」(田村隆明/著), 裳華房, 2016より引用.

吸収(例：腸上皮)や分泌(例：腺)など物質輸送においても重要な機能を果たしている．上皮細胞は**極性**(細胞としての方向性)をもっており，基底膜や結合組織に面する**基底部**と，その反対側に面する**頂部**に区別することができる．物質輸送では，この性質が重要な役割を果たす．また上皮細胞の多くは常に再生されていることも特徴の1つである．

b 支持組織(結合組織・軟骨・骨・血液とリンパ)(図7)

支持組織は中胚葉に由来し，身体の内部構造を保持するために，隣り合う組織を連結したり器官や身体を支えたりする役割を担っている．支持組織には，狭義の結合組織と**特殊に分化**した結合組織(筋組織，軟骨組織，骨組織，血液)が含まれる．他の組織に比べて，この組織は細胞間質と線維を豊富に含んでおり，その性状が結合組織の物理的な性質(硬さや弾力性)に反映される．例えば血液は液状の細胞間質をもつのに対して，軟骨組織はゲル状，骨組織は固体の状態である．狭義の結合組織には**線維性結合組織**(例：腱，靱帯)，**疎性結合組織**(例：皮下脂肪，眼窩脂肪)，**弾性結合組織**(例：大動脈)，**細網組織**(例：リンパ節，骨髄)が含まれる．特殊に分化した結合組織は以下の通りである．なお，筋組織についてはcで述べる．

1) 軟骨組織

ムコ多糖が豊富なゲル状基質とコラーゲン線維からなる細胞間質，軟骨細胞で形成されている．軟骨組織は血管が分布しない無血管組織なので損傷すると修復が困難である．

2) 骨組織

コラーゲン線維にリン酸カルシウムが沈着した硬い基質と骨細胞で形成されている．骨組織には血管が進入しており，栄養供給やカルシウム量の調節，損傷時の修復に働いている．骨は骨芽細胞と破骨細胞によって常に再構築(**リモデリング**)されている．

図7　種々の結合組織

表2　筋組織の3つの型

	骨格筋	心筋	平滑筋
形状			
構成細胞の状態	巨大な多核細胞	細胞がつながって分枝	紡錘形の細胞集団
主な部位	骨格筋，舌，横隔膜，眼，食道上部	心臓	血管，消化管，気道，子宮，膀胱
主な機能	随意運動	不随意運動（自律的なポンプ機能）	不随意運動
神経支配	運動神経	自律神経	自律神経
再性能	一部あり	なし	あり

「ジュンケイラ組織学 第6版」，丸善出版，2024を参考に作成．

3）血液

血漿という液体の細胞間質をもつ．血漿の約90％は水で，それ以外にフィブリンやアルブミンなどのタンパク質を含む．細胞成分は血球（赤血球，白血球，血小板）で，血液中の約45％を占める．

c 筋組織

支持組織の1つに分類されるが，個体を構成する基本の4組織の1つである．ほとんどの筋細胞は中胚葉由来で，筋原線維とよばれるアクチン線維およびミオシン線維を合成しながら細長い形態に分化する．筋組織は①骨格を動かすための**骨格筋**，②心臓を拍動させる**心筋**，③内臓や血管壁を形成する**平滑筋**の3つに大別される（表2）．このうち，骨格筋と心筋は筋線維に縞模様が見えることから**横紋筋**に分類される．また別の分類として，骨格筋のように意識的に収縮させることができる筋組織を**随意筋**，自律神経支配下にあって意識的に収縮させられない心筋や平滑筋を**不随意筋**とよぶ．

d 神経組織

　神経組織は胚発生第3週目に，外胚葉から発生する．第18日に，原始結節より頭側の領域に，胚盤葉上層の細胞集団から神経板が出現する．神経板は胚子の成長とともにその領域を拡大し，第4週には内部への巻き込みが起こって，**中枢神経系**の原基である**神経管**が形成される．神経管は神経ヒダが融合して神経溝を表皮と分離することで形成されるが（図8），その際，神経ヒダの外縁部分は**神経堤**という特殊な細胞集団となる．神経堤は第四の胚葉とよばれるほど個体発生に重要な役割を担っており，**末梢神経系**の原基となるほか，多くの非神経系組織も形成する．

　ヒトの神経組織は，数十億個の**神経細胞（ニューロン）**とそれを支えるさらに多くの**神経膠細胞（グリア）**によって形成されている（図9）．各神経細胞は**シナプス**によって相互に連絡し合い，統合された情報伝達ネットワークとして身体全体に分布している．前述の中枢神経系と末梢神経系は，神経系を解剖学的に2つに分類したものである．中枢神経系は脳と脊髄の神経系を指し，末梢神経系は身体全体に広がる神経系を指す（図10）．末梢神経系には解剖学的分類と機能的分類がある．解剖学的分類では，脳から末梢へ伸びるものを脳神経，脊髄から末梢へ伸びるものを脊髄神経とよぶ．機能的分類では，身体の運動や感覚機能を司る体性神経系と，循環・呼吸・消化など各種の自律機能を司る自律神経系に分類される．

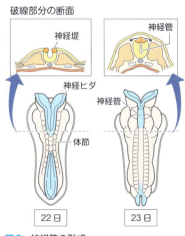

図8　神経管の形成

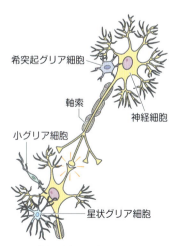

図9　神経組織の概略図

図10　神経系の分類

3 幹細胞

　ある細胞が，個体として成立するために必要なすべての細胞に分化し，完全な個体を形成させる能力を**全能性**とよぶ．受精卵は全能性をもつ細胞である．細胞は，発生の過程で機能の異なる細胞に分化していくにつれて全能性を失う．しかしなかには，分化能力を保持したまま自己複製を続ける細胞が存在する．このような細胞を**幹細胞**とよぶ．幹細胞はその由来や能力からいくつかに分類されるが，主なものに胚性幹細胞（ES細胞），体性幹細胞（成体幹細胞），そしてiPS細胞（人工多能性幹細胞）などがある．

a 胚性幹細胞

　胚性幹細胞（ES細胞）は，胚盤胞の**内部細胞塊**（**1**参照）をとり出して，分化能を維持したまま培養したものである（図11）．内部細胞塊は個体発生の本体となる細胞集団であることから，ES細胞も分化の全能性を有している．1981年にはじめてマウスでES細胞が樹立され，その後1998年にはヒトのES細胞も樹立された．この細胞は半永久的に維持することができるうえ，試験管内であらゆる細胞に分化誘導することができることから，再生医療の供給源として期待されている．しかし移植においては，臓器移植と同じように拒絶反応が問題となるほか，ES細胞の樹立には発生途中の胚を使用するため（不妊治療の際に不要になった「余剰胚」を使用している），倫理上の議論も続いている．

b 体性幹細胞（成体幹細胞）

　体性幹細胞は組織幹細胞ともよばれ，成体の組織や器官中に存在している．外的傷害や細胞の寿命によって組織が損なわれると，これらの細胞は増殖して分化し，失った組織を再生する（図12）．例えば皮膚細胞はどんどん垢となって剥離するが，表皮細胞下層にある組織幹細胞が分裂して新しい皮膚細胞を供給するため，皮膚がなくなることはない．また，末梢血中の赤血球，白血球，血小板は主に骨髄に存在する造血幹細胞によって供給され続けている．ES細胞に比べて体性幹細胞の分化能は限定的であるが，自己の幹細胞を用いることができるため拒絶反応の心配がなく，多くの臨床応用が進められている．

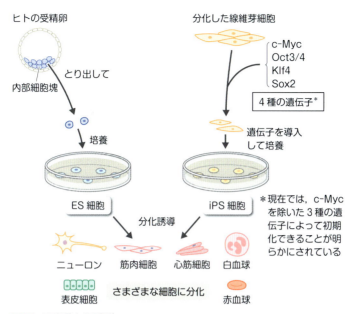

図11 ES細胞とiPS細胞
「基礎から学ぶ生物学・細胞生物学 第4版」(和田 勝/著), 羊土社, 2020を参考に作成.

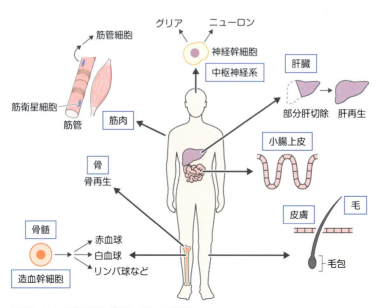

図12 ヒトの体で再生が起こっている部位

c iPS細胞（人工多能性幹細胞）（図11）

　私たちの身体の細胞には，分化した体細胞が，急に分化の方向性を変えて別の細胞に変化することがないようにするしくみをもっており，これによって組織や器官の機能が安定に維持されている．一方，体細胞の核を未受精卵へと移植する実験などから，卵子やES細胞など特定の細胞には，分化した細胞を「初期化」する能力があることが知られていた．この知見を，大きく前進させたのが山中伸弥らの実験である．山中らは，2006年，生殖細胞やES細胞に特異的に発現する遺伝子に焦点をあて，それらをマウス線維芽細胞に導入することでES細胞と同等の多能性幹細胞を人工的に作製することに成功した．これが**iPS細胞**である．「山中因子」として知られる4つの遺伝子（c-Myc, Oct3/4, Klf4, Sox2）はすべて転写調節因子であり，これらが遺伝子発現の相互作用に大きく影響を与えて，細胞を初期化したものと考えられる．山中らは，翌年2007年にはヒトiPS細胞の作製にも成功し，以降，再生医療への応用など多くの分野でiPS細胞が注目され続けている．ES細胞と異なり，iPS細胞は受精卵を使う必要がないため，倫理的な問題は解消できる．また自身の体細胞を用いてiPS細胞を作製することで，拒絶反応のない組織移植・臓器移植が可能になると考えられている．しかし，遺伝子の発現調節を改変したことにより，異常な細胞が出現する危険性は排除できない．実際，iPS細胞のがん化を指摘する報告もあり，安全性の確認とその担保が今後の課題となっている．

生物の発生を学ぶ意義

　精子と卵子という2つの配偶子の接合（受精）によりつくられた受精卵は，分裂をくり返しているうちに，少しずつ機能の異なる細胞に分化していき，最終的には多くの臓器を形成し，私たちの身体がつくられる．細胞分化のプログラムも全容が解明されつつあり，iPS細胞などを用いた臨床応用も一部開始されている．本章で学んだ内容は先天性疾患やがんなど，さらに応用的な学習に不可欠である．

8章 種とは何か

柴犬とチワワの子は本当に雑種？

　イヌ，ネコ，ヒトなどの動物がそれぞれ異なる「種」であることは，姿形や生態から理解をすることができます．一方，トイプードルとチワワなど，イヌ同士をかけ合わせた場合も，私たちは「雑種」とよび，種と種をかけ合わせて新たな種をつくったような言い方をします．これらを考えると，「種」は異なる意味で使われているかのような印象を受けます．実際，生物界では「種」とはどのような生物群を指すのでしょうか．

　本章では生物界において通常用いられる「種」の概念と種分化に必要な「隔離」の概念，そして，生物群を分類し，系統に分けていく際の分類方法と表記方法について学びます．

1 種の定義と必要な要素

a 種の定義

　種とは同じような特徴をもった個体の集まりであるが，実は定義することは簡単ではない．20世紀初頭まではイヌとネコ，チューリップとバラなど形態学的な違いに基づいて種を定義していた（「類型学的概念」）．しかし現在では，種の定義は，「生物学的概念」に基づいて行われることが多い．具体的には，自然に交配して，繁殖能力をもった子孫をつくることが可能な集団（繁殖適合性をもった集団）を指す．自然に交配して子孫をつくるためには，遺伝子の交換が可能（染色体の構成が等しく，配偶子に父母どちらかに由来する染色体が1つあれば生存できる）でなければいけない．例えば，ラバは雌ウマと雄ロバの交配種であるが，生殖能力がなく1代限りの雑種である（ウマの染色体は64本，ロバの染色体は62本で染色体ごとの情報が異なり，交換できない）ため，ウマとロバは別種とみなされる（図1）．

　しかし，このような繁殖適合性に基づいた種の定義は問題もある．例えば，無性生殖で増える生物には適用することができず，恐竜など化石でしか現存し

図1 種の定義：
ウマとロバは別種である

ラバ：生殖能力なし

ない生物についても，種を評価することはできない．

「自然に交配して，子孫をつくることができる」という定義については，生殖の可否だけでなく，生物の基本的な生活様式（ニッチ，**b** 参照）の概念をとり入れて，遺伝子の交換が可能でも別種に分類したり，無性生殖の生物であっても，種を区別するという試みも行われている．この考えに基づけば，ニッチが異なれば生殖的に隔離されていなくても別種と考えることができる．

例えばホッキョクグマとハイイログマ（ヒグマ）はニッチが異なっているため，自然界で交配することはなく，別種とされてきた．しかし最近，地球温暖化に伴い，生活圏が接近して雑種が出現するようになり，種の維持が新たな問題となっている（図2）．

b ニッチ（図2）

ある1つの種が生息するために利用している特定の範囲の環境（生活圏）のことを**ニッチ**とよぶ．ニッチ（正確には「生態学的ニッチ」，「生態学的役割」あるいは「生態的地位」ともいう）は，生息場所のように物理的に限定される範囲を指すだけではなく，その生物が生息しうる温度帯，活動する時間帯，食べものの種類や部位などからなっており，それらすべての要因が，その生物のニッチを定義している．個体群間のニッチの重なりが大きいほど，種間競争が激しくなり，ニッチが同じ場合には，生存競争の優劣によって劣った種は排除される（競争的排除）．したがって，ニッチが異なれば生殖が可能であっても別種とされることがある．

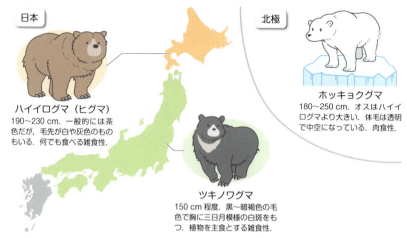

図2 異なるニッチの例
ホッキョクグマ，ハイイログマ（ヒグマ），ツキノワグマは生息域が異なり，体毛だけ見れば，それぞれ固有の進化をとげてきた．しかし，ホッキョクグマとハイイログマが交配して生殖能力がある子孫を残せることが明らかになった．地球温暖化に伴い交雑の機会が増えており，生息域の狭いホッキョクグマの絶滅が危惧されている．

2　種の分化と隔離

a　種分化とは何か

　種分化とは，ある種から，元の種と交配して子孫を残すことできないような群が生じるような進化のプロセスである．種分化は，種間でどのように遺伝子の流動が遮断（隔離，b参照）されているかによって，2つに区別することができる．

　1つは，種々の条件によって生物集団が地理的に離れた小集団に隔離された場合である．例えば湖の水位が下がることで，分断された複数の小さな湖が形成され，魚が小集団に分断される場合がある．また，川の流れが変わったり，大きな地殻変動が起きて，陸地に生息していた生物が小集団として隔離される場合もある．生息する生物の移動能力を超える地理的な障壁が生じた場合には，隔離された小集団内部で，自然選択や遺伝的浮動（15章参照）が起こり，独自の方向へ進化する可能性が高まる．これを異所的種分化とよぶ（図3A）．

　これに対して，実例はあまり多くないが，地理的に隔離されていない集団から新しい種が生じること（同所的種分化）もある（図3A）．この場合は集団の物理的な隔離ではなく，集団の特性（例えば餌などの資源の利用）の変化により生じる．1例として，リンゴの害虫として知られる北米のリンゴミバエがあげ

図3 種分化

られる（図3B）．このハエは，以前は野生のサンザシの木に生息し，産卵していた．しかしヨーロッパからリンゴの木がもち込まれると，リンゴの果実を摂食し産卵場所とするものが出現して，リンゴの木で生活集団を形成するようになった．これによってリンゴに生息する集団（リンゴ型）とサンザシに生息する集団（サンザシ型）の間の交配の機会が減少し，両者は異なる種となった．

b 隔離により種分化が生じる（図4）

　生物学の分野では，ある生物集団がいろいろな障壁によって隔てられ，遺伝子の交流（交配）が妨げられた状態のことを**隔離**とよぶ．特に個体間の生殖活動が妨げられるような隔離を**生殖隔離**とよぶ．さらに，生殖隔離には接合（受精）に至るまでの障壁である「接合前（受精前）隔離」と，接合後に個体が生まれ，その個体が繁殖能力を獲得するまでの障壁である「接合後（受精後）隔離」がある．また，受精しても遺伝子の交換ができず子孫を残せない場合を遺伝的隔離とよぶ．接合前隔離には，生息領域（生育環境隔離），活動時間帯（時間的隔離），求愛行動など交配に至るまでの行動様式（行動的隔離），生殖器の

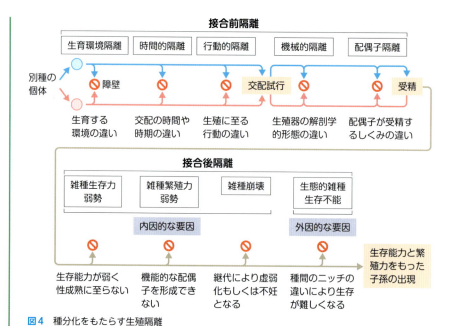

図4 種分化をもたらす生殖隔離
「キャンベル生物学 原著9版」,丸善出版,2013を参考に作成.

構造(機械的隔離),交配後の配偶子が受精するしくみ(配偶子隔離)などの違いに基づくものがある.

一方,接合後隔離には外因的隔離と内因的隔離がある.外因的隔離の例として生態的雑種生存不能が挙げられる.これは両親種のニッチが異なり,その中間的な性質をもって生まれた雑種が親種のニッチでは生存できないために生じる.また内因的な隔離として,個体として生存能力が低い場合(雑種生存力弱勢)や,生存能力があっても繁殖能力をもたない場合(雑種繁殖力弱勢)がある.また,異種間交配種の次の世代が不妊になったり虚弱となることも接合後隔離の1つであり,これを**雑種崩壊**とよぶ.これらの隔離が個体群の間で生じることで種分化が生じる.

3 雑種と亜種

a 雑種

雑種とは,種の異なる生物の交配によって得られる子孫のことであり,交配種,異種交配種とよばれることがある.雑種というと,雑種犬を思い浮かべる

人が多いかもしれない（最近はミックス犬ともよばれる）．しかし，チワワやプードル，ダックスフントなどはすべて同じ「イヌ（Canis lupus familiaris）」という種に属しており，これらの交配犬は生物学で定義される雑種ではない．ちなみにCanis lupusはオオカミの学名，familiarisは亜種名であることからわかるようにイヌは，分類学上はオオカミの亜種（交配可能，**b**参照）である．また，チワワやプードル，ダックスフントなどの犬種は，亜種の下位階級に分類される「品種」としての名称である．普段私たちが「雑種」とよんでいるのは，これらの亜種間や品種間の交配によって生まれた子孫のことで，生物学的には正確な用語ではないことを念頭に置いて用いなくてはいけない．

b 亜種

亜種とは，生物分類における種より下位の分類区分の1つである（**4**参照）．分類学上では同一種に属する（交配可能な）生物が，生息地域によって大きさ，形，色などの外見に違いがみられることがあり，これらを亜種とよぶ．このため，同一種に複数の亜種が存在することもある．多くの亜種は地理的に（あるいは条件的に）隔離されていて，遺伝子交換の機会がなく，それぞれの環境にあわせて変化したものと考えられる．また時間の経過に伴い，このような亜種は新しい生殖隔離機構を獲得し，しだいに完全な種として分化することもある．前述のイヌもオオカミから家畜化した亜種である．また別の例として有名なのが，絶滅危惧種であるトラである．アジアを中心に広く生息しているトラは，もとは野生の1種類のトラであったが，現在は6種の亜種（既に絶滅したものを含めると8～9種）に分類されており，それぞれの生息地域によって外見に違いが認められている（**表1**）．

表1 現存するトラの6亜種

慣用名	学名	亜種名	生息地	形態的特徴
ベンガルトラ	Panthera tigris	tigris	スリランカを除くインド亜大陸に生息	短毛で縞が少ない
アムールトラ	Panthera tigris	altaica	ロシア東部に分布	トラのなかで最大
アモイトラ	Panthera tigris	amoyensis	中国南東部に分布していたが，野生個体は絶滅	縞の幅が広く短い
スマトラトラ	Panthera tigris	sumatrae	インドネシアのスマトラ島に分布	短いたてがみをもつ．縞の間隔が狭い
インドシナトラ	Panthera tigris	corbetti	インドシナ半島に生息	ベンガルトラより暗色で小型．縞が太く少ない
マレートラ	Panthera tigris	jacksoni	マレー半島に生息	インドシナトラに類似

なお，生殖が可能であっても，ニッチや形態が大きく異なる場合には亜種ではなく別種に分類されることもあり（前述のホッキョクグマとハイイログマの例），時に議論となることがある．

4 生物の分類

a 生物の分類群（タクソン）と階級（階層）（図5）

生物を分類する際に，ある特徴を有する個体の集まりを意味するのが**タクソン**である．タクソンは，上位から下位まで，より細分化された特徴により生物を階級的に分類する際の各階層を指している．一番上位のタクソンが**界**であり，動物界，植物界，菌界，原生生物界，原核生物界に分かれる．以下，門（脊椎動物門，軟体動物門，節足動物門など），綱（哺乳綱，爬虫綱，両生綱など），目（食肉目，霊長目など），科（ネコ科，イヌ科など），属（ヒョウ属，チーター属など），種（ライオン，ネコなど）というように，より細かい特徴をもとにタクソンが設定されている．また各タクソンの間に「上-（上科など．科よりもやや上位）」，「亜-（亜科など．科よりもやや下位）」を設けることもある．近年，「界」の上位に「ドメイン」を設ける分類法も普及しつつある．生物の特性を比較する際は，同じ階級のタクソンのなかで比較する必要がある．慣例的に「脊椎動物」と「無脊椎動物」の生物の特性が比較されることがあるが，脊椎動物"門"と同じタクソンに属するのは，軟体動物門，節足動物門などであり，無脊椎動物門は存在しない．このため，両者の特性を比較することは，生物学的には正しくない．

b 系統

種分化により生じた子孫種と祖先種の類縁関係を**系統**という．つまり，系統とは進化の道筋を指す．系統を明らかにするためには，生物を分類し，進化的な関係性を決定することが必要となる．分類は類似した仲間の集合をつくる作業であり，系統関係を推定するために，これまでさまざまな方法がとられてきた．外部形態の比較は，古くから分類の基準とされてきたほか，解剖による内部構造の比較や，発生様式によって比較する方法も行われてきた．「個体発生は系統発生をくり返す」と考えたHaeckel（ヘッケル）の動物系統樹は有名である．その後，顕微鏡技術の発達に伴って細胞の内部構造の比較も行われるようになり，さらには生体の化学成分や染色体数などの情報も系統関係の推定に使われるようになった．

最近では，生物が保有するDNAの塩基配列や，タンパク質のアミノ酸配列な

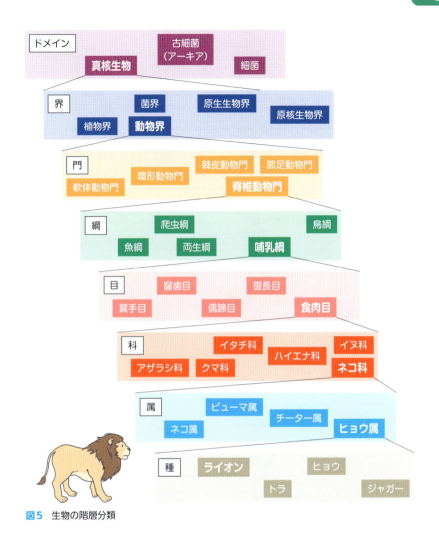

図5 生物の階層分類

どの分子データを比較することによって，系統関係を解析する手法が一般的になってきている．分子データは，あらゆる生物群から多くの数量的な情報を得ることができるうえに，その結果について統計的な解析を行うことができるという利点がある．特に生命活動の根幹にかかわるタンパク質やその情報源であるDNAは，幅広い分類群で共通に保持されていることが多い．例えば，リボソームRNAの塩基配列に基づいた分子系統解析によって，近年まで分類体系の主流であった5界説（生物を動物・植物・菌・原生生物・原核生物に分類）は，

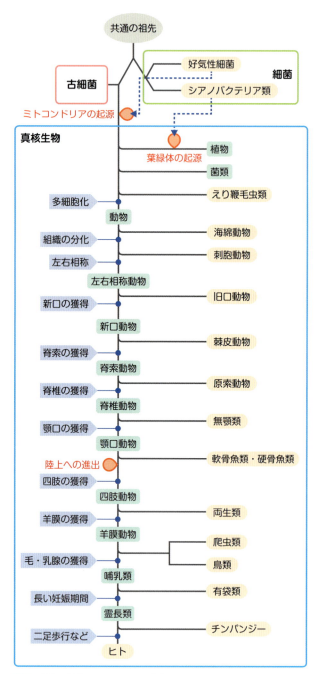

図6 共通の祖先からヒトに至る進化

96 フレッシュ生物学

3つのドメイン体系（生物を細菌・古細菌・真核生物に分類）として再定義されている．さらに，生物の共通の祖先から，私たち人類に続く，長い系統進化についてもその概要が明らかにされつつある．地球上の多様な生物は，それぞれが長い系統のなかで育まれた結果として現在に至っている（図6）．

c 系統樹

系統樹は進化の過程（系統）を分岐図で示したものである．生物の多様性は進化によって形成されたものであり，現在は異なる種とみなされている生物であっても，共通の祖先から派生したと考えられている．このような考え方に基づいて生物種を系統分類して位置付け，それらの関係を樹木の枝分岐の形式で示す．

系統樹は節（node）と枝（branch）と葉であらわされ，葉は現存する生物を指し，枝の長さは進化の程度や時間経過をあらわす．また節は系統の分岐を示すとともに，共通の祖先の位置を指している．例えば，ある種間で生物学的特徴に共通点が多い場合，両種は共通の祖先から分岐してからの時間が短いと捉えることができる（図7）．

bで述べた通り，系統分類の方法は多数あり，以前は形態や発生様式などに着目して分類されてきた．しかし，近年は生物の分子データを用いた系統分類がさかんに行われるようになっており，これらのデータを用いた分子系統樹が作成されている．分子系統樹の作成方法はいくつも考案されている．例えば"最も少ない分岐数で説明できる樹形を最適とする"「最節約法」や，分子配列の類似性から進化の距離を計算し，距離行列をもとに枝の長さを推定する「近隣結合法」などがある．近隣結合法では，枝の長さの合計が最小になるような樹形を作成する．

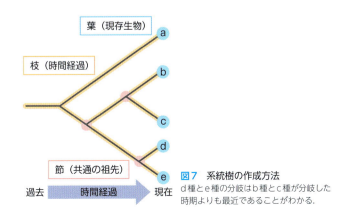

図7 系統樹の作成方法
d種とe種の分岐はb種とc種が分岐した時期よりも最近であることがわかる．

新たな系統分類の方法が開発され，生物に関するデータが追加されるたびに系統樹も改訂されている．

5 生物名の表記方法

生物名を正式にあらわすには学名を用いる．学名の命名法は国際規約により定められており，現在はリンネ（図8）が確立した**二名法**が採用されている．二名法はラテン語で表記し，1番目にその種が属する**属名**を，2番目に**種小名**を並記する．属名のはじめの文字は大文字とし，全体はイタリック体で表記する．例えばライオンは *Panthera leo*，ヒトは *Homo sapiens* である（表2）．2番目の語を種小名とよぶのは，属名と種小名を合わせた正式な**種名**と区別するためである．

私たちが通常使用する呼称（慣用名）も特定の生物を指しているが，例えば fish（魚）という名前がついていても，jellyfish（クラゲ）や crayfish（ザリガニ）といった魚とはまったく異なる種の場合もある．二名法には必ず属名が並記されているので，同属に分類される近縁な種かどうかは学名を見れば明らかであり，fish（魚）の場合のような，名前による混乱を避けることができる．また，生物の学術的名称を日本語で表記する場合には，「ネコ科ヒョウ属ライオン」のようにカタカナを用いる．

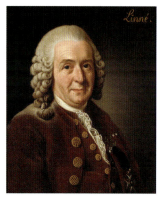

図8 リンネ
リンネは「分類学の父」と称されている．

表2 動物の学名表記の例

和名	学名	
	属名	種小名
ロバ	*Equus*	*asinus*
ウマ	*Equus*	*caballus*
ライオン	*Panthera*	*leo*
トラ	*Panthera*	*tigris*
ヒョウ	*Panthera*	*pardus*
オオカミ	*Canis*	*lupus*
チンパンジー	*Pan*	*troglodytes*
ヒト	*Homo*	*sapiens*

オオカミとイヌは，同種であるため学名は同じ．ただしイヌには学名の後に亜種名 *familiaris* をつける．

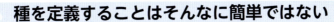

種を定義することはそんなに簡単ではない

　ここで学んできたように，種の定義は一見単純そうにみえて実は簡単ではない．また，柴犬とチワワをかけあわせてできた子犬のように，私たちが通常「雑種」とよんでいるのは生物学的には正確ではなさそうだ．生物学的には異なる種の間で交配し，子孫を残すことができれば「雑種」ができたことになるが，通常，種は隔離されており，雑種ができることはたいへんまれである．本章では，どのようにして新しい種が生まれ，それぞれの種がどうつながっていくのか学んだ．今後も生物学上の新しい発見があれば，種の分類が変わることがある．また，ヒト（*Homo sapiens*）の近縁種にはどのような種があるのか，15章で学んでいくことになる．

9章 タンパク質・炭水化物・脂質

タンパク質や脂質はどんな機能をもっているだろうか？

　タンパク質・炭水化物・脂質が栄養素として重要なことはよく知っていると思います．これらが栄養素として重要なのは，それぞれの物質が体内で重要な機能を果たしているからです．では具体的にどのような機能を果たしているのでしょうか．これらの物質は体内では高分子構造をとっているものが多く，たくさんの機能をもっています．本章ではこれらの物質の合成や分解の過程ではなく，高分子構造をとることの意義や機能に焦点を当てて考えていきます．

1　タンパク質とアミノ酸

a　タンパク質

　生体を構成する高分子には，タンパク質，炭水化物，脂質，核酸（DNAやRNA）などがある．このなかで，特に多様な性質を示すのがタンパク質である．ヒト生体のタンパク質は20種類のアミノ酸からなる．これらのアミノ酸が異なる割合でつながってさまざまなタンパク質がつくられる．大きさはさまざまで，数個ほどでつくられるものがある一方で，タイチン（コネクチン）など数万個ものアミノ酸がつながった巨大なタンパク質も存在する．アミノ酸の数が100個以下程度の場合，タンパク質ではなく**ペプチド**とよばれる．通常，直鎖状につながったアミノ酸分子は，折り畳まれて立体構造を形成する．また，複数の直鎖がジスルフィド結合などで連結し，より複雑な構造をとることもある．タンパク質は立体構造を形成することによってはじめて本来の機能を発揮できる．立体構造は，タンパク質を構成するアミノ酸の配列によって決定される（**c**参照）．

　タンパク質の分類に決まった方法はないが，例えば機能的分類では以下のように分けることができる（**図1**）．

9章

① 構造タンパク質	② 収縮・運動タンパク質
機能 細胞や組織の構造保持 **例** ケラチンは髪の毛や角，羽毛，その他の皮膚関連の付属物に含まれるタンパク質である．昆虫やクモ類は絹の繊維によって，繭やクモの巣をつくる．コラーゲンやエラスチンというタンパク質は，動物の結合組織の線維状網目構造をつくる． コラーゲン 	**機能** 細胞の運動 **例** モータータンパク質は繊毛や鞭毛の波動運動を起こす．アクチンとミオシンは筋肉の収縮を起こす． アクチン　ミオシン 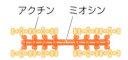
③ 輸送タンパク質	④ 防御タンパク質
機能 体液中や細胞内外の物質の輸送 **例** 脊椎動物の血液中の鉄含有タンパク質であるヘモグロビンは肺から体の他の部分へ酸素を輸送する．細胞膜を横切って物質を輸送するタンパク質もある． 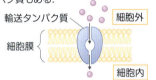	**機能** 侵害刺激に対する防御 **例** 抗体はウイルスや細菌を不活化したり破壊を手助けする． 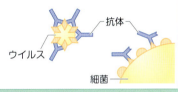
⑤ ホルモンタンパク質	⑥ 受容体タンパク質
機能 細胞間の情報伝達 **例** インスリンは膵臓から分泌され，他の組織に働きかけて，グルコースをとり込ませ，血糖の濃度を下げる． 	**機能** 細胞外からの刺激に対する応答 **例** 神経細胞の細胞膜に埋め込まれた受容体は，別の神経細胞から放出されたシグナル分子を感知する． 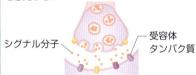
⑦ 酵素タンパク質	⑧ 貯蔵タンパク質
機能 化学反応の選択的促進 **例** 食物肉の分子の結合を加水分解する消化酵素． 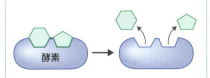	**機能** アミノ酸の貯蔵 **例** 母乳タンパク質であるカゼインは哺乳類の新生児（仔）の主要なアミノ酸源となる．植物の種子にも貯蔵タンパク質がある．卵白のタンパク質であるオボアルブミンはアミノ酸源として胚発生に使われる． 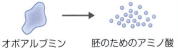

図1 タンパク質の分類
「キャンベル生物学 原著9版」，丸善出版，2013を参考に作成．

① 細胞や組織などの構造の保持と安定化にかかわるもの（**構造タンパク質**）
② 細胞の運動にかかわるもの（**収縮・運動タンパク質**）
③ 細胞内外への物質輸送や体液中の物質輸送にかかわるもの（**輸送タンパク質**）
④ 異物侵入に対する免疫反応や，出血時の血液凝固など侵害刺激に対する体の防御にかかわるもの（**防御タンパク質**）
⑤ 細胞間の情報伝達にかかわるもの（**ホルモンタンパク質**）
⑥ 細胞外の刺激の受容にかかわるもの（**受容体タンパク質**）
⑦ 体内の化学反応を触媒するもの（**酵素タンパク質**）
⑧ 種子，卵白，乳汁などに含まれ，将来使用されるアミノ酸を蓄えるもの（**貯蔵タンパク質**）

b アミノ酸（図2）

　ヒトのタンパク質は20種類のアミノ酸からなる．いずれのアミノ酸も，中心の炭素原子にアミノ基（−NH₂）とカルボキシ基（−COOH）と水素原子が結合した構造をもち，そこに側鎖（R基）が結合した構造をとっている．側鎖が水素原子1つからなるグリシンを除き，ほぼすべてのアミノ酸は鏡像異性体*（L型とD型）をもつ．ヒトを含め，地球上の生命体を構成するタンパク質の多くは，L型アミノ酸のみで構成されている．20種類のアミノ酸の側鎖は大きさや電荷が異なる．アミノ酸は側鎖の極性（親水性か疎水性か）で分類し，親水性の場合は電荷でさらに分類される．アミノ酸の極性はタンパク質の立体構造に大きく影響する．例えば，タンパク質が折り畳まれる際，疎水性アミノ酸は内側に入り込み，親水性アミノ酸は外側に配置される．

＊鏡像異性体
　同じ分子式，同じ構造式の化学物質であるが，各物質の立体配置が異なり，鏡の関係性になっているもののこと（図）．右手と左手の対掌性を例に挙げて説明されるように，鏡像異性体同士は重ね合わせることができない．

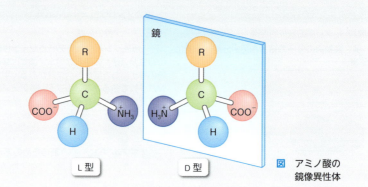

図　アミノ酸の鏡像異性体

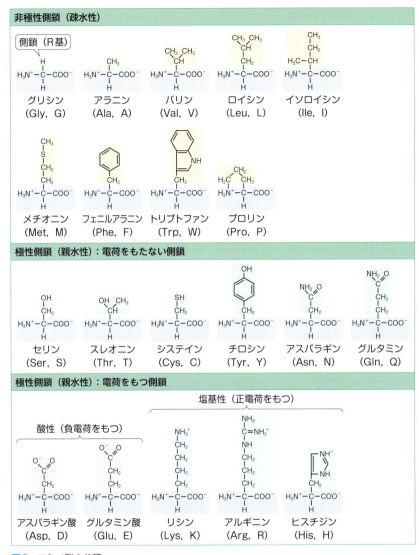

図2 アミノ酸の分類

c タンパク質の一次・二次・三次および四次構造（図3, 4）

　タンパク質の**一次構造**とはアミノ酸の配列順序を指し，タンパク質によって異なる．アミノ酸同士は一方のカルボキシ基と次のアミノ基の間でペプチド結合によってつながっているため，1番目のアミノ酸末端には未結合のアミノ基が

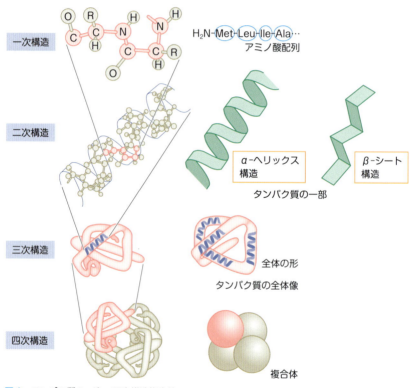

図3 アミノ酸の構造とペプチド結合

図4 タンパク質の一次〜四次構造複合体

残り，最後のアミノ酸末端には未結合のカルボキシ基が残る．これによってポリペプチドの両末端にはアミノ基とカルボキシ基が存在することになり，それぞれをN末端とC末端とよぶ．タンパク質の一次配列を表記する場合，通常は

N末端側からC末端側の順に示す．前述の通り，アミノ酸の側鎖は固有の極性や電荷を有しているため，指定された配列順序によって三次構造も決定される．

タンパク質の**二次構造**とは，立体構造（三次構造）内に含まれる局所的な折り畳み構造のことであり，水素結合によって形成される．安定した水素結合がアミノ酸残基の間に形成されると，ポリペプチド鎖はα-ヘリックス構造もしくはβ-シート構造のどちらか一方の形に折り畳まれる．これらの構造を形成する部位は側鎖の配列によって決まってくる．

① **α-ヘリックス構造**：ポリペプチド内のアミノ酸のカルボニル基（＝CO）の酸素原子が，4つ先のアミノ酸のイミノ基（＝NH）の水素原子と水素結合して形成されるらせん構造である．

② **β-シート構造**：ポリペプチド鎖が折れ曲がり，並列になった領域間で連続的な水素結合が起こり，その状態がくり返されてシート状になった構造である．ポリペプチド構造を安定化する相互作用がアミノ酸間にない場合は，ランダムコイル構造をとる．

タンパク質の**三次構造**は，二次構造を形成した部分も含めて折り畳まれた立体構造全体のことである．三次構造を形成する相互作用の1つは疎水性相互作用である．前述の通り，非極性アミノ酸は水分子を避けて集合するが，接近したアミノ酸同士はファンデルワールス力によって安定した構造を形成する．これ以外にも，極性側鎖間で形成される水素結合や，正負の電荷をもつ側鎖間に形成されるイオン結合，さらにジスルフィド結合などもタンパク質の三次構造を安定化させている．

タンパク質の**四次構造**とは，三次構造のタンパク質が複数個集まって機能的な集合体を形成した状態のことである．集合体をオリゴマー，これを形成するポリペプチド鎖をサブユニットとよび，サブユニットの数によって二量体，三量体，四量体とよぶ．

2 炭水化物

a 炭水化物の分類

炭水化物は**糖質**と**植物繊維**（栄養学では**食物繊維**ともよばれる）から構成される．糖質は生体のエネルギー源として用いられ，植物繊維は植物の細胞壁の主要な構成物質や木質として植物の形態維持に用いられる．

b 植物繊維

　植物に含まれる繊維成分．代表的な物質には，細胞壁の構成成分で植物細胞の形態を維持するためのセルロースがある．セルロースはβ-グルコースが鎖状に多数（数百～数千個）結合した分子である．ヒトはセルロースを消化することはできない．しかし，セルロースは体内で不溶性食物繊維として重要な機能を果たす．不溶性食物繊維は体内で水を含んで膨張する性質があり，膨張したセルロースは便の体積を増やし，腸を刺激して便通改善効果を発揮する．

c 糖質の構造（図5）

　糖質の基本構造は，2つ以上のヒドロキシ基（-OH）をもつ炭化水素であり，アルデヒド基（-CHO）もしくはケトン基（>C=O）をもつポリヒドロキシアルデヒドあるいはポリヒドロキシケトンである．糖質の最小基本単位である単糖，2つの単糖がグリコシド結合によってつながった二糖，3～10個つながったオリゴ糖，数十～数百万個結合した多糖に分類される．

　単糖類には，炭素の数によって，トリオース（三炭糖），テトロース（四炭糖），ペントース（五炭糖），ヘキソース（六炭糖）がある．グルコース（ブドウ糖）やガラクトース，フルクトース（果糖）は六炭糖であり，核酸を構成するリボースは五炭糖である．単糖類分子は鎖状構造と環状構造をとることができるが，体内に多く存在するヘキソースやペントースは環状構造をとることが多い．また，アミノ酸と同様に鏡像異性体など複数の異性体が存在する．詳細は生化学などで学習する．

　二糖類は単糖2つがグリコシド結合（脱水縮合）して1つの糖分子になったものであり，スクロース（ショ糖，グルコースとフルクトースが結合），マルトース（麦芽糖，グルコースとグルコースが結合），ラクトース（乳糖，ガラクトースとグルコースが結合）などがある．

　多糖類は単糖が数十～数百万個結合したものであり，例えばデンプン，グリコーゲン，セルロースがあげられる．これらはいずれもグルコースのみで構成されているが，結合状態（直鎖構造か分枝構造か）や，構成しているグルコースの型（α型かβ型か）が異なっており，それぞれ別の物質として存在している．構造の1例をあげると，デンプンはらせん形になったアミロースと，枝分かれしているアミロペクチンからなる．グリコーゲンはアミロペクチンよりさらに高分子で枝分かれした構造となっている．

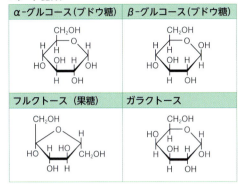
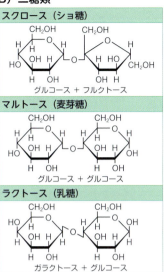
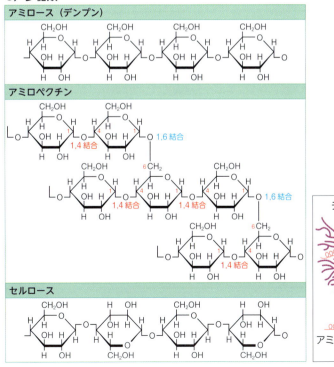
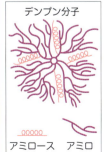

図5 糖質の構造

d 糖質の機能

　糖質の役割は生命維持に必要なエネルギー源となることである．例えばヒトでは，グルコースの酸化によって必要なエネルギーの6割ほどを供給している．多くの糖質がグルコースではなく，デンプンやグリコーゲンのような高分子の形で必要時まで貯蔵されている．デンプンもグリコーゲンも高分子構造をとることで，簡単に分解されないようになっている．特にデンプンはアミロースとアミロペクチンが水素結合で固く結合してミセル（セッケンによるミセルではなく高分子の物質がつくる結晶構造を指す）を形成し，隙間に水分が入りにくい構造をとって，酵素の作用を受ける部分を限定している．加水・加熱すると，水素結合が切れ，ミセルが壊れ，ゲル状になる（糊化または α 化とよぶ）．白米を炊いたときの変化がこの状態である．

　一方，糖質はタンパク質や脂質とともに**複合糖質**（糖タンパク質，プロテオグリカン，糖脂質，配糖体，リポ多糖）を形成して生体内でさまざまな機能を担っているほか，DNA（デオキシリボース）やRNA（リボース）の構成成分となっている（図6）．

3 脂質

a 脂質の構造と分類

　脂質はタンパク質，糖質に並ぶ三大栄養素の1つであり，これらのなかで最も効率的にエネルギーを産生する．脂質とは有機溶媒に可溶な物質の総称であり，長鎖あるいは環状構造の炭化水素鎖をもって多様な構造を形成する．その種類の多さから性質も機能も多岐にわたるため，詳細は別の教科書を参照してほしい．

　脂質はその分子構造によって次のように分類することができる（図7）．

① **脂肪酸**：長い炭化水素鎖をもつカルボン酸．脂肪酸のうち1つ以上の不飽和の炭素結合（二重結合や三重結合）をもつものを不飽和脂肪酸とよぶ．もたないものを飽和脂肪酸とよぶ．

② **中性脂肪**：脂肪酸＋グリセロール

③ **リン脂質**：脂肪酸＋グリセロール＋リン酸

④ **スフィンゴ脂質**：長い炭化水素鎖をもつカルボン酸＋アミノアルコール誘導体

⑤ **ステロイド**：ステロール環を骨格にもつ脂質

⑥ **複合脂質**：脂肪酸＋タンパク質や糖質など

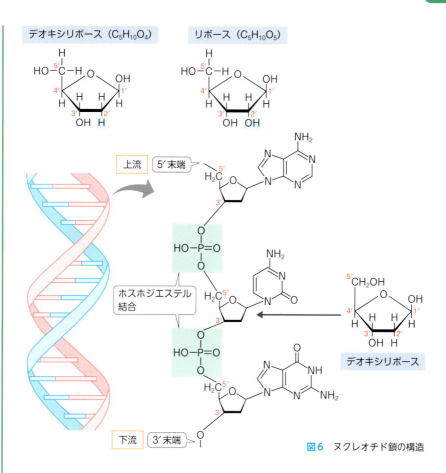

図6 ヌクレオチド鎖の構造

　いずれの分類においても基本単位となるのは脂肪酸であり，脂肪酸の種類によって脂質の性質が決まっている．脂肪酸は炭化水素鎖の末端にカルボキシ基が結合した構造をとるが，炭化水素鎖の長さや二重結合の有無によってさまざまな種類が存在する．

b 脂質の機能

　脂質は水に溶けにくいが，疎水性の炭化水素に親水性の極性基が結合しているため両親媒性物質として捉えられる．両親媒性物質としての性状は結合残基によって決まり，両親媒性が弱い脂質は疎水性の高い組織中に貯蔵され，必要に応じて生体の代謝反応に必要なエネルギーの主要資源となる．一方，極性が高い脂質は強い両親媒性を示し，生体膜の主要な構成成分となる．

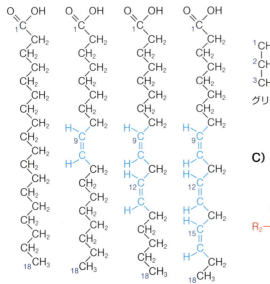

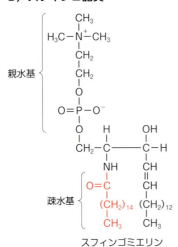

図7 脂質の構造
青字：炭素間の不飽和結合（二重結合）部位．赤字：脂肪酸．

脂質を機能的に分類すると以下のようになる.

① **中性脂肪**：モノ-，ジ-，トリアシルグリセロール．生体では脂肪組織を形成し，エネルギーの貯蓄や体温の保持を行う．

② **膜脂質**：ホスホグリセリドやスフィンゴ脂質，リン酸や糖鎖と結合した複合脂質およびコレステロールなどからなる．いずれも両親媒性の性質をもち，生体膜の主要な構成成分となっている.

③ **輸送脂質**：脂質とアポタンパク質が結合してリポタンパク質を形成しており，血液中に存在してアシルグリセロールとコレステロールの輸送を行う．さまざまな比重で存在するが，比重の小さいものからカイロミクロン，VLDL（very low density lipoprotein；超低比重リポタンパク質），LDL（低比重リポタンパク質），HDL（high density lipoprotein；高比重リポタンパク質）に分類される．比重の大小は，輸送される成分（トリアシルグリセロールとコレステロール）とアポタンパク質の種類によって決まる．

④ **ステロイドホルモン**（図8）：コレステロールからつくられる脂溶性ホルモン．細胞膜を通過し，細胞内で受容体と結合して生理活性を発揮する．グルココルチコイド，ミネラルコルチコイド，アンドロゲン，エストロゲン，プロゲステロンなどがある．

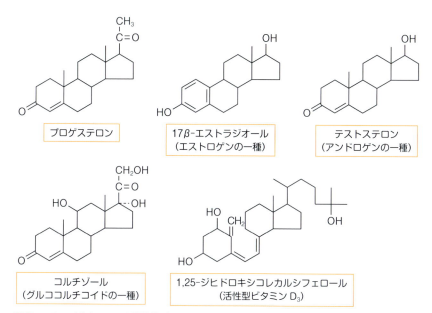

図8　ステロイドホルモンと脂溶性ビタミン

⑤ **脂溶性ビタミン**（図8）：ビタミンA，D，E，Kがこれに相当する．
⑥ **エイコサノイド**（図9）：多価不飽和脂肪酸であるアラキドン酸の酸化によってつくられる炭素数20の脂質．生理活性物質として知られる．プロスタグランジンやトロンボキサン，ロイコトリエンなどがある．
⑦ **胆汁酸**（図10）：コール酸やケノデオキシコール酸として，肝臓でコレステ

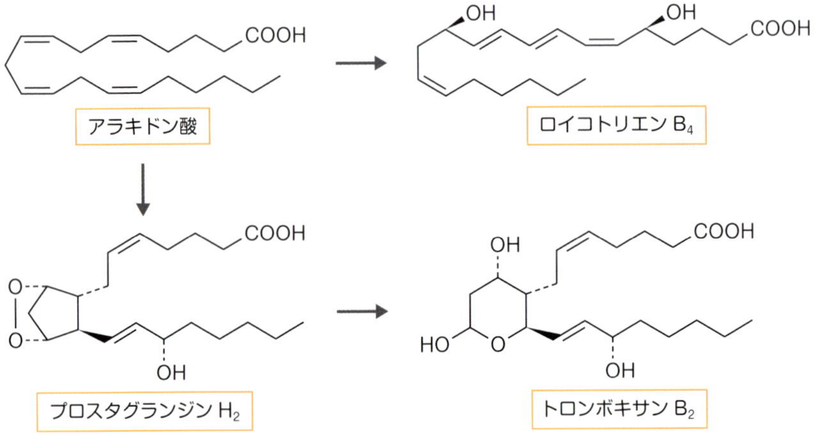

図9 アラキドン酸と代表的なエイコサノイド

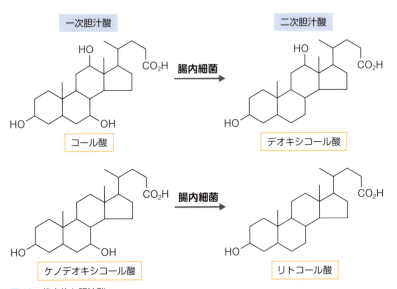

図10 代表的な胆汁酸
いずれもコレステロールから合成される．胆汁中に排泄され，腸内細菌で構造修飾を受ける．

ロールから合成される．リパーゼの働きを助けて脂質の消化吸収を促進する．胆汁酸の排泄ルートはコレステロールの唯一の排出系であり，コレステロール量の調節に重要な役割を果たしている．

4 生体内で重要なタンパク質・糖質・脂質の特殊機能

酵素，糖鎖修飾そして細胞膜について説明する．

a 酵素

生体内で起こる化学反応の多くは有機化合物が反応物であり，共有結合の組換えが起こることがあるにもかかわらず，すみやかに反応が進行する．これは化学反応を触媒するタンパク質が働いているためである．このようなタンパク質を酵素といい，化学反応の活性化エネルギーを小さくして，反応速度を大きくしている．

酵素反応は，

$$E + S \rightleftarrows ES \rightarrow E + P$$

> E：酵素（enzyme），S：基質（substrate），ES：酵素-基質複合体，P：生成物（product）

とあらわすことができる．酵素反応ではES → E + Pの部分が律速段階となるため，反応速度は酵素（E）と基質（S）の濃度に依存する．また酵素（E）は，酵素-基質複合体（ES）の状態で一時的に変化する場合もあるが，原則的に反応前後で変化しない．

酵素が触媒反応を行うための，特定の領域のことを**活性部位**（活性中心）という．活性部位はタンパク質の立体構造によって形成されており，その構造に適合する特定の基質だけが酵素-基質複合体をつくって酵素の作用を受けることができる．これを酵素の**基質特異性**とよび，基質と活性部位の関係は鍵と鍵穴の関係となっている（図11）．

酵素はタンパク質なので，温度やpHによってその活性が大きく変化する．一般的に化学反応は，温度が高いほど反応速度が上がるが，酵素反応は40℃を超えると反応速度が急激に低下する．これはタンパク質である酵素が熱によって変性する（立体構造が崩れる）ためである．またpHも重要であり，酵素にはそれぞれの反応速度が最大になる最適pHがある．多くの酵素では最適pHは中性付近であるが，例えば胃液に含まれるペプシンなどはpH 2付近，膵臓に含まれるリパーゼやトリプシンはpH 8付近である．

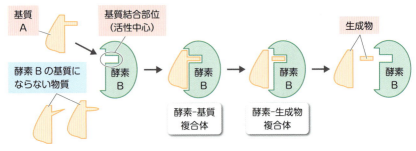

図11 酵素の基質特異性

　酵素はまた，その活性を発揮するために，**補因子**（補助因子）とよばれるアミノ酸以外の分子を必要とする場合が多い．補因子のなかには，
① 酵素に常時結合している補欠分子族（ヘム，フラビン，レチナールなど）
② 金属イオン補因子（銅，亜鉛，鉄など）
③ 補酵素（ビオチン，補酵素A，FAD，NAD，ATPなど）
が存在する．その一方で，酵素の働きを抑制する阻害因子（酵素阻害剤）は，生体内に存在して酵素反応の速度を低下させて代謝を調節しているものや，医薬品として人工的に調製され，病気の治療などに用いられているものもある．酵素阻害剤には，不可逆的阻害剤と可逆的阻害剤があり，後者はさらに競合阻害剤（拮抗阻害剤），不競合阻害剤，非競合阻害剤に分類することができる．

b 糖鎖修飾

　糖鎖とは，グルコースなどの単糖が直鎖状につながって伸びたものである．糖鎖は糖のみの状態で存在するだけでなくタンパク質や脂質に付加される．これを糖鎖修飾という．細胞外に分泌されるタンパク質や，細胞膜上にあるタンパク質のほとんどは糖鎖修飾されている．糖鎖修飾されたタンパク質や脂質などの高分子は**複合糖質**とよばれ，①糖タンパク質，②プロテオグリカン，③糖脂質の3つに分類することができる．

　糖タンパク質は，1つのタンパク質に，単糖が20個ほどつながった糖鎖が1～数百本結合したものである．糖鎖は，タンパク質に親水性を与えたりタンパク質の分解を防いだりするほか，細胞膜では細胞同士の接着や細胞間認識，ホルモンや増殖因子の受容体形成など，さまざまな生命現象に深く関与している．また，小胞体では糖鎖によってタンパク質の品質管理と輸送が行われている．

プロテオグリカンは，糖タンパク質の一種であるが，全体の95％を糖質が占める特殊な化合物である．プロテオグリカンの性質を決めているグリコサミノグリカンは，アミノ糖（単糖の一種．N-アセチルグルコサミンやN-アセチルガラクトサミン）とウロン酸（単糖の一種．グルクロン酸やイズロン酸）が二糖となり，これが数十〜数百残基くり返して直鎖状につながっている．アミノ糖とウロン酸の種類により，ヒアルロン酸，コンドロイチン硫酸，デルマタン硫酸，ヘパラン硫酸，ヘパリン，ケラタン硫酸に分類される．プロテオグリカンは保水性や弾性に富み，皮膚や軟骨の支持組織として線維性タンパク質の間を埋めている．またプロテオグリカン複合体（図12）として細胞外マトリクスを形成し，細胞接着やシグナル伝達に働く．

糖脂質はさまざまな長さの糖鎖が結合したもので，疎水性部分の構造によりスフィンゴ糖脂質とグリセロ糖脂質に分けられる．細胞表面側に存在しており，糖タンパク質とともに，細胞の識別・細胞間接着・外来物質の認識と応答（シグナル伝達）など，生体内で重要な役割を果たしている．

> **memo** 糖鎖の最も有名な例はヒトの血液型である．血液型は，赤血球細胞膜から突き出ている糖鎖の形で分類される．すなわち，A型は糖鎖末端にN-アセチルDガラクトサミンを，B型は糖鎖末端にガラクトースを付加する転移酵素をもっており，それらが糖タンパク質を修飾することで，おのおのの血液型に特徴的な糖鎖を形成している．またAB型は両方の酵素をもち，O型はどちらの酵素ももっていないために末端未修飾の基本糖鎖のみの状態となっている（図）．

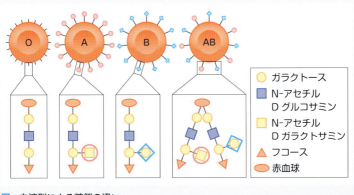

図　血液型による糖鎖の違い

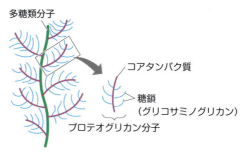

図12　プロテオグリカン複合体

C 細胞膜（図13）

　細胞膜については1章でもとり上げているので，ここでは細胞膜を構成する物質を中心に説明する．細胞膜の構成成分は脂質とタンパク質と糖質である．なかでも脂質は，細胞膜がその構造を保つための物理的な基盤となっているほか，親水性物質の透過を妨げて細胞の中と外の隔離を確実なものにしている．膜の脂質は，二重層構造を保ったまま，自由に流動することができるので，膜に組込まれたタンパク質および脂質の流動性を担保している（**流動モザイクモデル**）．このため，ほとんどの脂質と特定のタンパク質は膜面に沿って自由に移動することができる．

　細胞膜を構成するリン脂質は両親媒性で，リン酸が結合した親水性の頭部と，非極性脂肪酸が結合した疎水性の尾部をもつ．細胞膜の二層構造ではリン脂質が互いの尾部で相互作用し，頭部側は細胞内外に面して水分子と結合している．細胞膜にはコレステロールも20〜25％ほど含まれており，細胞膜の流動性を調節しているほか，受容体タンパク質，接着分子，情報伝達分子などが集積する**膜マイクロドメイン**の形成にも必須の役割を果たしている．マイクロドメインは細胞接着，細胞増殖および分化，免疫応答など重要な生体機能に関与するため，コレステロール不足により，血管内皮細胞や平滑筋細胞の細胞間接着が弱まって脳内出血を起こしやすくなったり，免疫力が低下して感染症やがんに罹患しやすくなったりする．

　典型的な細胞膜では，およそリン脂質分子25個あたり1個のタンパク質を含んでいる．膜タンパク質には**内在性タンパク質**と**表在性タンパク質**が存在する．内在性タンパク質は，多くが疎水性のα-ヘリックス構造をもち，この部分が細胞膜内に埋め込まれ，親水性部分は膜の両側あるいは片側に突き出して水性環

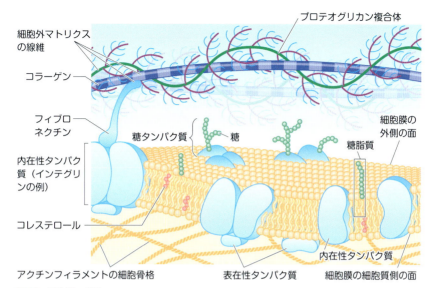

図13　細胞膜の構造

コラーゲン線維は，プロテオグリカン複合体の網目に埋め込まれている．フィブロネクチンはインテグリンをコラーゲン線維（細胞外マトリクス）につないでいる．インテグリンは，2つのサブユニットからなる内在性タンパク質の1つであり，片側で細胞外マトリクスと結合し，もう片側は細胞内骨格と結合したタンパク質と結合している．この連結によって，細胞外環境と細胞内部でのシグナル伝達が可能になっている．
「キャンベル生物学 原著9版」，丸善出版，2013を参考に作成．

境に接している（**膜貫通タンパク質**）．一方，表在性タンパク質は，脂質二重層内には組込まれず，内在性タンパク質やリン脂質の極性領域との相互作用によって細胞膜に結合している．膜タンパク質は，細胞膜内を自由に動き回るだけでなく，その機能的役割から特定の場所につなぎ止めておかれる必要があるものも存在する．そのような膜タンパク質は，細胞内部で細胞骨格分子と結合して保持されているのに加えて，外側では細胞外マトリクス線維に結合して保持されている．例えばインテグリンは，このような内在性タンパク質の結合によって，細胞膜単独の場合よりも強い構造が形成されている．

機能するには立体構造も重要

　タンパク質・炭水化物・脂質が栄養素として重要なことは知っていても，それぞれの物質がどのような役割を担っているのかはよく知らなかったかもしれない．これらの物質は，それぞれの化学的な性質を活かして，体内でさまざまな機能を担っている．これらの物質を食物としてバランスよく摂取することが私たちの身体の機能を正常に維持するためには重要であることを忘れてはいけない．

10章 環境と体内のエネルギー循環

エネルギーはどこから来て体内でどう使われているのだろうか？

　本章では，環境中のエネルギー循環からはじまり，動物個体，そして細胞レベルまでのエネルギーの流れを学びます．まず，太陽光からはじまる環境中のエネルギー循環の全体像を学びます．そのなかで生産者－消費者の関係や食物連鎖についても学びます．また，有機物を構成する重要な物質である炭素と窒素の循環もあわせて考えます．一方，環境からエネルギーを得た後，生物（特にヒト）はどのようにエネルギーを利用し，また貯蔵するのかも学びます．

1 生態系の物質循環

a 生産者・消費者・分解者

　生物群集とそれをとりまく無機的環境をあわせて**生態系**とよぶ．
　生態系を構成している生物は，役割によって生産者・消費者・分解者に分けられる．**生産者**は，無機物をとり込んで有機物を合成する生物であり，光合成を行う植物・藻類などがこれに属する．一方，**消費者**は，生産者がつくった有機物を栄養源にする生物であり，動物や多くの菌類・細菌が属する．消費者のうち，草食動物を一次消費者とよび，草食植物を食べる動物（肉食動物）を二次消費者とよぶ．生態系には，三次消費者，四次消費者…というように，より高次の消費者が存在する場合もある．生産者や消費者の死体や排出物，および分解途中の有機物は**デトリタス**とよばれるが，最終的には無機物に分解される．分解過程にかかわる生物を**分解者**とよび，菌類や細菌が分解者の役割も担っている．分解者によって生じる無機物は，生産者に再利用される．

b 生態系のエネルギー循環（図1）

　生物は，有機物からエネルギーをとり出して生命活動に利用している．捕食・被捕食の関係による有機物の移動に伴ってエネルギーも移動するが，生産者→

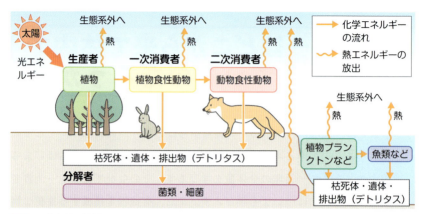

図1　エネルギー循環
「生物」，数研出版，2016を参考に作成．

一次消費者→二次消費者→…より高次の消費者という食物連鎖（e参照）を通して一方向へ移動し，最終的には熱となって生態系外へ放出される．

c 炭素循環（図2）

炭素（C）は，タンパク質・糖質・脂質など有機物の基礎となる元素である．炭素は，大気中や水中の二酸化炭素（CO_2）から生産者に供給され，光合成によって有機物となり，食物連鎖によって消費者や分解者へ移動する．一方，CO_2は呼吸や死体・排泄物の分解によって放出され，大気や水中に戻る．この一連の過程を**炭素循環**とよぶ．炭素量は，光合成と食物連鎖で循環するならば一定に保たれるが，石炭や石油などの化石燃料を使用すると増加する．CO_2には大気中の熱を保持する作用（温室効果）があるため，増加は地球温暖化につながる．

d 窒素循環（図3）

窒素（N）は，生物を構成するタンパク質などに含まれる元素である．大気には約78％の窒素ガス（N_2）が含まれるが，多くの生物は直接利用できない．しかし，シアノバクテリアやコンリュウバクテリア（根粒菌）など，大気中のN_2をとり込んでアンモニウムイオン（NH_4^+）に還元し利用できる（**窒素固定**）細菌がいる．一方，土壌では，微生物によってデトリタスが分解されNH_4^+が生成される．NH_4^+は亜硝酸菌や硝酸菌で酸化されて硝酸塩となり，植物に吸収されてアミノ酸などの有機窒素化合物合成に利用される（**窒素同化**）．一部は脱窒素細菌によってN_2となり，大気中に戻る．この一連の流れが**窒素循環**である．ダイズやレンゲソウなどのマメ科植物にはコンリュウバクテリアと共生してい

10章

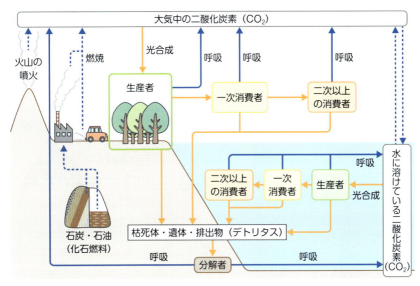

図2 炭素循環
「高等学校 生物Ⅱ」，三省堂，2005を参考に作成．

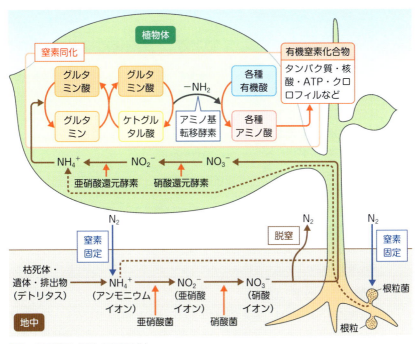

図3 窒素循環（植物の窒素同化）
「生物」，数研出版，2016を参考に作成．

121

るものがあり，窒素固定によって得られたNH_4^+が直接，窒素同化に使用される．動物は，窒素同化ができないため，有機窒素化合物を食物として摂取し，アミノ酸にまで消化し，別のアミノ酸に変換したり，タンパク質や核酸，ATPなどの有機窒素化合物を合成したりしている．

e 食物連鎖（図4）

生態系を構成する生物間の捕食・被捕食という関係によるつながりを**食物連鎖**とよび，食物連鎖でつながる生物の階層を**栄養段階**とよぶ．生態系のなかでは捕食・被食の関係が複雑にからみあい，網目状の食物連鎖が形成される．この状況を**食物網**とよぶ．

食物連鎖に従った物質移行では，特定の物質が，生体内で分解されずに蓄積し，周囲環境より高濃度で蓄積されることがあり**生物濃縮**とよばれる．生物濃縮は，生物に必要な物質だけでなく，分解・排泄されにくい化学物質が体内に入った場合にも起こる．以前，農薬などに使われていた

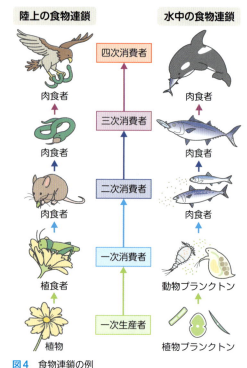

図4 食物連鎖の例
「エッセンシャル・キャンベル生物学 原著6版」，丸善出版，2016をもとに作成．

DDT（<u>d</u>ichloro<u>d</u>iphenyl<u>t</u>richloroethane）が1例である．DDTは疎水性が高く，代謝を受けにくいので体外に排出されず脂肪などの組織に蓄積される．食物連鎖において，このような有害物質が蓄積した生物の捕食がくり返されると，栄養段階が上位の生物ほど蓄積濃度が高くなり，深刻な影響を受けることがある．

f 生態ピラミッド（図5）

食物連鎖においては，栄養段階が高くなるほど生物は大型になり，個体数は少なくなる傾向がある．食物連鎖の各栄養段階の生物について，個体数・生物量・生産速度などを図式化したのが**生態ピラミッド**（生物学的ピラミッド）で

A) 個体数ピラミッド

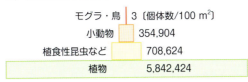

B) 生物量ピラミッド

C) 生産速度ピラミッド

図5 生態ピラミッド
各栄養段階の量の関係を模式的に示したものであり，各栄養段階の大きさの比率は実際の数値の比率とは異なっている．
「高等学校 生物Ⅱ」，三省堂，2005を参考に作成．

ある．単位面積あたりの個体数を積み重ねたものを**個体数ピラミッド**とよび，個体数ではなく，生物量（ある生物1個体の重量×単位面積あたりの個体数）を積み重ねたものを**生物量ピラミッド**，各栄養段階の生物における単位期間内の生産速度（ある生物が単位期間・単位面積あたりに獲得するエネルギー量）を積み重ねたものを**生産速度ピラミッド**という．

g 光合成

光合成は植物や藻類によって行われる．これらの生物の細胞における光合成反応は**葉緑体**（クロロプラスト）とよばれる細胞小器官で行われる（**図6**）．葉緑体は，内外2枚の膜に囲まれ，内部には多種の酵素を含む**ストロマ**と，扁平な袋状の**チラコイド**がある．チラコイドの膜には，光エネルギーを吸収する**クロロフィル**（葉緑素）などの**光合成色素**が存在するほか，ミトコンドリア内膜とよく似た**電子伝達系**（**2h**参照）もみられる．

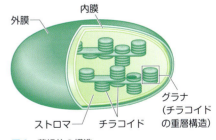

図6 葉緑体の構造

光合成反応系（**図7**）では，まず**光化学系反応**で光エネルギーを利用して水を分解し**酸素**を放出するとともにATPと補酵素NADPH（後述）がつくられる．これらが**カルビン・ベンソン回路**において炭酸固定に使用されてグルコースな

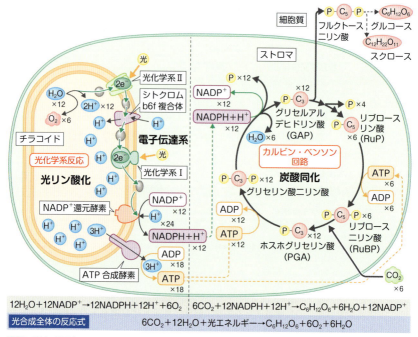

図7 光合成反応

どの有機物が合成される.

　光化学系反応は葉緑体のチラコイド膜で行われる.チラコイド膜上には,クロロフィルをはじめとする光合成色素とタンパク質複合体からなる光化学系Ⅰ・光化学系Ⅱとよばれる光エネルギー受容体がある.光化学系Ⅱと光化学系Ⅰは,その間に位置するシトクロムb6f複合体とよばれるタンパク質複合体とともに,NADPHとATPを産生する.葉緑体におけるこの反応を**光リン酸化**とよぶ.

　葉緑体のストロマでは,カルビン・ベンソン回路においてNADPHとATPを用いて,二酸化炭素を還元して有機物を合成する反応(**炭酸同化**)が起こる.とり込まれた二酸化炭素は,リブロース二リン酸(RuBP)と結合し,分解されてホスホグリセリン酸(PGA)になる.生じたPGAはATPとNADPHの還元作用によって,グリセルアルデヒドリン酸(GAP)となる.このGAPの一部が有機物の合成に使われて,残りはATPによって再びRuBPへ戻る.以上をまとめると,光合成は以下の反応式となる.

$$6CO_2 + 12H_2O + 光エネルギー \rightarrow C_6H_{12}O_6(有機物) + 6O_2 + 6H_2O$$

2 生体の代謝

a 代謝（図8）

　代謝とは，生命の維持のために体内で生じるエネルギーの吸収または放出を伴う化学反応の総称である．生体を構成する物質の大部分は，代謝によって絶えず合成されたり分解されたりしている．エネルギーの動きを主にして代謝を見た場合を**エネルギー代謝**とよび，物質の動きを主にして代謝を見た場合を**物質代謝**とよぶ．なお，日本では代謝によって産生・消費されるエネルギー量をカロリー（cal）であらわすことが多い．1カロリーは1gの水を1℃上昇させる熱量のことで，1 cal = 4.2 Jである．また，運動や摂食などの身体活動を行わず，安静時に消費される代謝を**基礎代謝**とよぶ．基礎代謝量は1日あたり成人男性では約1,500キロカロリー，成人女性では1,200〜1,300キロカロリーとされている．

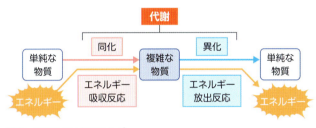

図8　代謝におけるエネルギー

b 同化と異化（図8）

　代謝反応のなかで，エネルギーを用いて単純な構造の物質から複雑な構造の物質を合成することを**同化**とよび，物質を分解することによってエネルギーを放出（生産）する過程を**異化**とよぶ．生物個体の代謝反応でいえば，タンパク質・核酸・多糖や脂質の合成が同化，酸素を使ってグルコースを分解する過程（内呼吸，d参照）が異化である．

c ATP：生体のエネルギー

　自然界のエネルギーのうち動植物が利用できるのは主に光エネルギーと化学エネルギーである．光エネルギーは光合成で利用されるが，その後，化学エネルギーに変換され，**ATP**（**アデノシン三リン酸**）として蓄えられる（図9）．動物体内でも，有機物を分解して得られる化学エネルギーはATPとして蓄えられ，これを分解して物質合成や能動輸送，運動，発熱などさまざまな活動を行

う．ATPは，アデノシン（アデニンとリボースが結合したもの）に3つのリン酸が結合した構造で，エネルギーが必要なときは，ATP末端のリン酸が切られ**ADP（アデノシン二リン酸）**となる．この際，多量のエネルギーが放出される．この部分のリン酸結合は**高エネルギーリン酸結合**とよばれる．

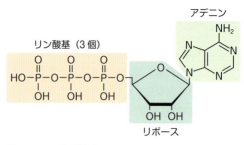

図9　ATPの化学構造
リボース＋アデニンをアデノシンとよぶ．

$$ATP \rightarrow ADP + Pi（無機リン酸）+ 7.3\ kcal/mol（30.5\ kJ/mol）$$

d　内呼吸（細胞呼吸）

　生物が体外から酸素を体内にとり入れる過程を外呼吸とよぶのに対し，細胞がグルコースなどを分解してエネルギーをとり出し，ATPを生成するしくみを**内呼吸**（細胞呼吸）とよぶ．呼吸には，酸素を使う**好気呼吸**と酸素を必要としない**嫌気呼吸**がある．好気呼吸で行われるグルコース分解を**好気的解糖**，嫌気呼吸で行われるグルコース分解を**嫌気的解糖**とよぶ．

e　好気的解糖と嫌気的解糖

　好気的解糖では，グルコースは**解糖系・TCA回路（クエン酸回路）・電子伝達系**（これらについては**f～h**を参照）という3つの反応過程を経ながら段階的に分解され，最終的には水と二酸化炭素となる．ATPは，これら3つの反応過程で生産される．好気的解糖の反応全体まとめると，以下のように示される．

$$C_6H_{12}O_6 + 6O_2 + 6H_2O \rightarrow 6CO_2 + 12H_2O + 38ATP$$

なお，好気的解糖ではグルコースだけではなく脂肪やアミノ酸も利用される．

> **memo**　好気的解糖で産生されるATP数については，本解説では1 NADHあたり3 ATP，1 FADH₂あたり2 ATP産生されるものとして記載したが，近年1 NADHあたり2.5 ATP，1 FADH₂あたり1.5 ATPとして記載している参考書もある．その場合1グルコースあたりの最大ATP産生量は32となる（NADH, FADH₂については**i**を参照）．

一方，酸素が十分に供給されない状況では，TCA 回路に進むことなく解糖系に依存して ATP 合成が行われる．例えば骨格筋細胞では，激しい運動で酸素が欠乏した状態になると，グルコースを**ピルビン酸**に分解した後，乳酸脱水素酵素の働きによって**乳酸**をつくる．この経路を**嫌気的解糖**という．この経路は発見者の名前に因んで，エムデン・マイエルホフ経路とよばれることもある．

$$C_6H_{12}O_6 \rightarrow 2C_3H_6O_2 + 2ATP$$

嫌気的解糖は ATP の産生効率は悪いが速い反応であり，利用できるグルコースの量が多ければ，時間あたりに産生できる ATP 量は多くなる．

f 解糖系（図10）

解糖系は，細胞質で行われるグルコース1分子がピルビン酸2分子に分解される過程である．解糖系で使われる酵素は細胞質に存在し，細胞質で反応が進む．解糖系の前半においてグルコース1分子あたり2分子の ATP が得られる．また補酵素 NADH を生じる．この補酵素 NADH は，この先の電子伝達系において ATP の生成に用いられる．

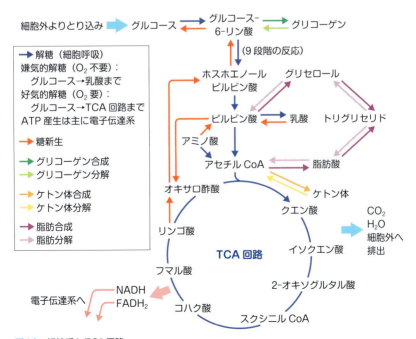

図10　解糖系と TCA 回路

g TCA回路（図10）

グルコースは解糖系で2ATPを生成するが，好気的条件下では，解糖系で生じたピルビン酸をTCA回路以降の**電子伝達系**に回すことによって，さらに多くのATPを産生できる．**TCA回路**は**クエン酸回路**ともよばれ，ミトコンドリアのマトリクスで行われる反応過程である．クエン酸がカルボキシ基を3つ有するtricarboxylic acidであるためTCA回路とよばれる．また発見者の名に因んでクレブス回路とよばれることもある．

解糖系でつくられたピルビン酸は細胞質からミトコンドリア内部のマトリクスへと輸送され**アセチルCoA**となるが，このときに補酵素NADHを1分子生成する．アセチルCoAはオキサロ酢酸と結合してクエン酸となり，図10のような一連の反応回路に入る．1分子のクエン酸がオキサロ酢酸に分解されるまでの間に，1分子のGTPが生成されるほか，補酵素が4分子（NADH3分子とFADH$_2$ 1分子）と，脱炭酸反応による二酸化炭素2分子を生じる．これらをまとめると，TCA回路ではグルコース1分子あたり，GTPが2分子，補酵素が10分子生成されることになる（グルコース1分子あたりピルビン酸が2分子生成されることに注意）．

> **memo** 合成されたGTPは，その後ATPの合成に使われるため，高校生物学の教科書などには（GTPではなく）ATPと書かれていることが多い．

h 電子伝達系（図11）

ミトコンドリア内膜には，酸化還元反応をくり返し電子e$^-$を受け渡していくタンパク質複合体群が並んでおり，**電子伝達系**とよばれる．解糖系やTCA回路で生じた補酵素（NADHやFADH$_2$）は，電子伝達系でH$^+$を遊離するとともに電子e$^-$を放出する．最初のタンパク質複合体Ⅰでは，NADHから放出された電子e$^-$が別の補酵素CoQ（コエンザイムQ）へと渡される．CoQは，受けとった電子を複合体Ⅲへ運ぶ．一方，FADH$_2$由来の電子e$^-$は，複合体Ⅱを経由してCoQに渡り，複合体Ⅲへと運ばれる．複合体Ⅲでは，これらの電子e$^-$をシトクロムとよばれるタンパク質が受けとり，複合体Ⅳへ運搬する．複合体Ⅳにおいて，電子e$^-$は酸素に受け渡され，酸素はH$^+$と反応してH$_2$Oをつくる．このように電子e$^-$の受け渡しが行われる間に，複合体Ⅰ・Ⅲ・Ⅳでは合計10分子のH$^+$が内膜と外膜の膜間スペースへ輸送され，内膜の外側から内側に向かってH$^+$の濃度勾配ができる．ATP合成酵素（複合体Ⅴ）は，内膜に埋まったF$_0$サブユ

10章

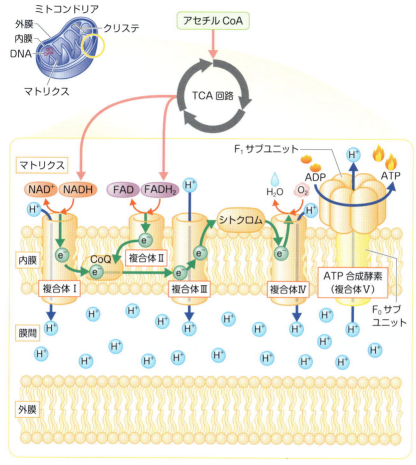

図11 電子伝達系

ニットとマトリクス側に突き出たF_1サブユニットから構成されており，H^+が濃度勾配に従ってF_oからF_1に流入するとき，H^+の流れによってATPを合成する．これを**酸化的リン酸化**とよぶ．

i 補酵素

酵素には，基質（酵素反応を受ける物質）に作用する際に他の物質を必要とするものがある．このような，酵素と結合し，酵素活性化に関与する物質を補酵素とよぶ．補酵素は，酵素に比べると低分子で，各種ビタミン類が構成成分になっている場合が多い．今回扱うNADH，NADPH，$FADH_2$も補酵素として機能している．

129

1) NAD$^+$とNADH（ニコチンアミドアデニンジヌクレオチド）（図12）

ナイアシン（ビタミンB$_3$）から合成され，AMP（アデノシン一リン酸）とニコチンアミド基＋リボース複合体（ニコチンアミドモノヌクレオチド）がエステル結合した構造をとる．酸化還元反応では，ニコチンアミド基部分で2個の電子e$^-$と2個の水素イオンの授受を行う．グルコース代謝では解糖系からTCA回路でNAD$^+$が5回還元される．生じたNADHは電子伝達系に入り，酸化されNAD$^+$に戻るとともにATP合成酵素を活性化する．NADH 1分子あたり3ATPを生成できる．

2) NADP$^+$とNADPH（ニコチンアミドアデニンジヌクレオチドリン酸）（図13）

ナイアシン（ビタミンB$_3$）から合成されたNAD$^+$がリン酸化されたものである．化学構造もNAD$^+$とよく似ている．本章では光合成反応の際に，光化学系反応で生じたNADPHがカルビン・ベンソン回路で還元され，炭酸同化に用いられることを示した．それ以外ではペントースリン酸回路（後述）で供給され，脂肪酸やコレステロールの合成に使用されている．

3) FADとFADH$_2$（フラビンアデニンジヌクレオチド）（図14）

ビタミンB$_2$から合成され，AMPとリボフラビン＋リン酸（フラビンモノヌクレオチド）がエステル結合した構造をとる．還元反応ではFADが2個の電子e$^-$と2個の水素イオンを受けとってFADH$_2$となる．TCA回路ではコハク酸が

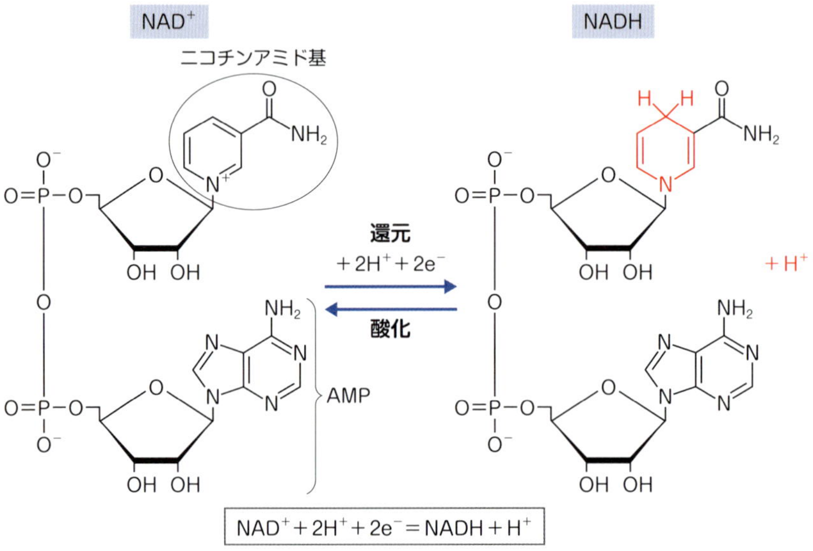

図12　NAD$^+$とNADH

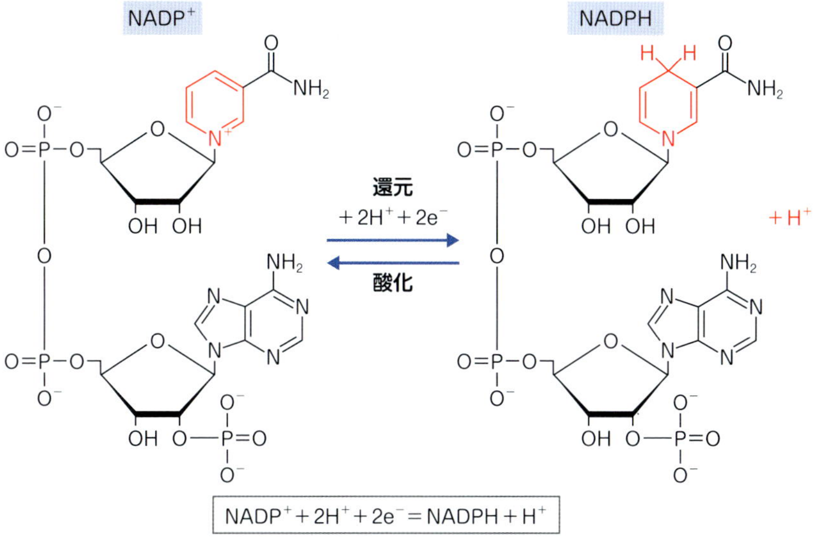

図13 NADP⁺とNADPH

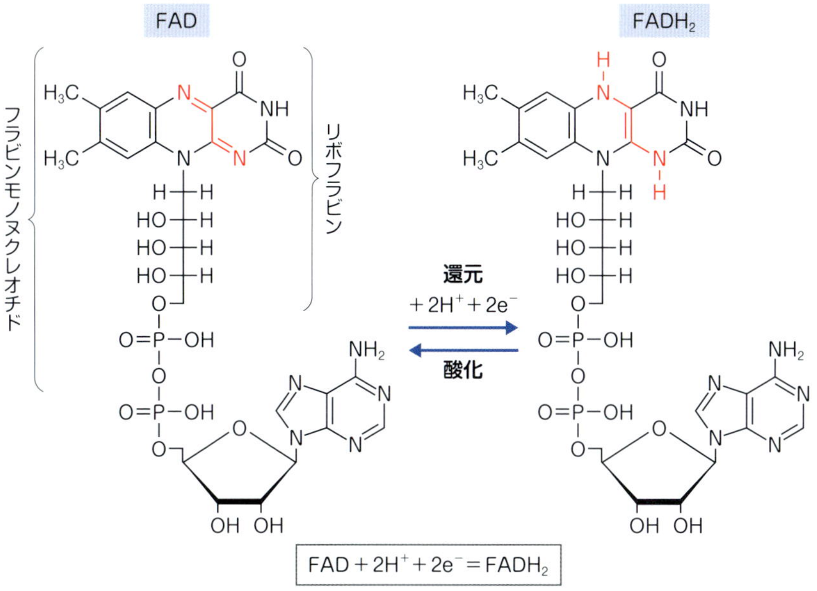

$$NADP^+ + 2H^+ + 2e^- = NADPH + H^+$$

図14 FADとFADH$_2$

$$FAD + 2H^+ + 2e^- = FADH_2$$

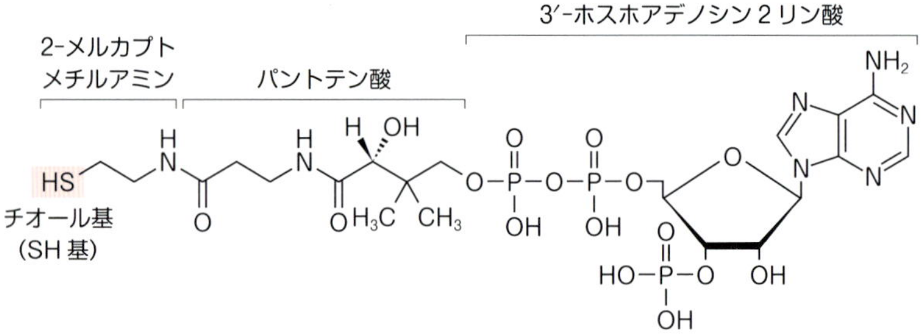

図15　補酵素Aの構造
末端のSH基が修飾を受ける（アセチル化ならアセチルCoA）．

フマル酸になる段階で$FADH_2$を生じる．生じた$FADH_2$は電子伝達系で酸化され FAD となり，ATP合成酵素の活性化に寄与する．$FADH_2$は1分子あたり2ATPを生成する．

4）補酵素A（図15）

補酵素A（コエンザイムA）はCoAと表記され，3′-ホスホアデノシン2リン酸とパントテン酸，そして2-メルカプトメチルアミンがつながった構造をしている．末端にあるチオール基（SH基）の部分で，アセチル基や他のアシル基と結合する．アセチル基と結合したのがアセチルCoAである．後述する脂肪酸代謝でもプロピオニルCoAやマロニルCoAとして用いられる．

j 糖新生

ピルビン酸，乳酸，アミノ酸，グリセロールなどからグルコースを合成することを**糖新生**という．血中グルコース濃度が低下すると，肝臓のグリコーゲン分解（k参照）が促進され，グルコースが血中に供給されるが，それでもグルコースが不足する場合には，糖新生が行われる．糖新生の中心はピルビン酸である．ピルビン酸はグルコース分解以外に乳酸・アミノ酸・グリセロールの分解によって生成される．糖新生経路には，解糖系と共通する可逆的な酵素過程が多くあるが，単に解糖系を逆行する過程ではなく，一部には解糖系とは異なる酵素が用いられている．例えばピルビン酸はアセチルCoAを生成するのではなく，オキサロ酢酸となり，糖新生経路に入る．

k グリコーゲン合成と分解

血中グルコース濃度が増加すると（血糖値の上昇），肝臓や筋肉でグルコースからグリコーゲンが合成され貯蔵される．その反応は，グルコースがグルコース6-リン酸に変換されるまで解糖系と同じであるが，その後は異なる経路をとってグリコーゲン合成に至る（高エネルギー化合物であるUDPグルコースを

介して合成される．詳細は生化学の教科書などを参照されたい）．

　一方，グリコーゲンの分解は合成の逆反応ではなく，まったく異なる酵素によって行われている．またグリコーゲン貯蔵組織によって，分解の目的も異なっており，例えば肝臓では，血中グルコース量をすみやかに上昇させるためにグリコーゲンの分解が行われる．この場合，グリコーゲンはグルコース6-リン酸を経てグルコースとして放出される．しかし筋肉では，筋組織へのエネルギー供給を目的としてグリコーゲン分解が行われるためグルコースは放出されない．この場合，グリコーゲンはグルコース6-リン酸まで分解された後，解糖系の反応を進んでエネルギー源として使用される．

脂肪の合成と分解

　脂質は，糖質，タンパク質に並ぶ三大栄養素の1つで，代謝によって多くのエネルギーをとり出すことができる．脂質には脂肪やコレステロールなど数種類あるがここではエネルギー供給源として重要な脂肪について説明する．

　脂肪は脂肪酸とグリセロールからなる．脂肪の合成と分解は解糖系やTCA回路と密接に関係している．

　脂肪酸の合成は，細胞質で行われる（図16）．合成反応ではアセチルCoAが炭酸付加によってマロニルCoAとなり，アシル脂肪酸シンターゼという酵素複合体へ送られる．このなかで，輸送体がCoAからACP（アシル基運搬タンパク質）に変換され，マロニルCoAはマロニルACPとなる．

　マロニルACPは，脂肪酸シンターゼ複合体中でアセチル基の付加と還元をくり返し，2つずつ炭素鎖を伸長する．

　最終的に炭素数16のパルミトイルACPとなって反応を終了し，ACP部分を切り離してパルミチン酸を生成する．脂肪酸合成に使われるのはNADHではなくNADPHである．1分子のパルミチン酸を生成するために，14分子のNADPHが必要であり，これらはアセチルCoAの細胞質輸送時にリンゴ酸酵素によってつくられるほか，ペントースリン酸回路*によっても供給されている．脂肪酸は最終的にはグリセロールと結合し，脂肪（中性脂肪）となる．

*ペントースリン酸回路
　グルコースから，デオキシリボース・リボースなどDNAやRNA合成に必要な糖およびNADPHを産生する経路（詳細は生化学で学習する）．

　一方，脂肪酸からエネルギーをとり出すには，糖質の場合と同様に，異化（分解）する必要がある．脂肪酸の分解は主にミトコンドリア内で起こる．脂肪酸は補酵素CoAと結合して，アシルCoAとなった後，一連の酸化反応を受けてアセチルCoAとアシルCoAに分解される（切断によって，最初のアシルCoAよ

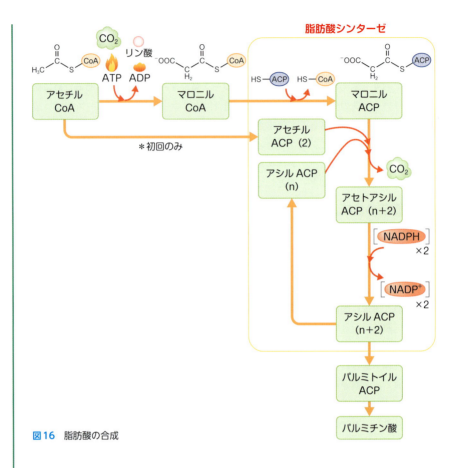

図16　脂肪酸の合成

り炭素2つ分短くなったアシルCoAが生成される，図17）．この反応では，脂肪酸のカルボキシ基の炭素から数えて2番目（β位）の炭素間の結合が酸化されて切断されるので，特に**β酸化**とよぶ．脂肪酸の炭素数が偶数の場合，脂肪酸は，β酸化をくり返すことによって，最終的にはすべてアセチルCoAとなる．また，脂肪酸の炭素数が奇数の場合，最後はプロピニルCoAが残る．これはスクシニルCoAに変換されてTCA回路に入る．β酸化反応1回あたり，1分子のアセチルCoAの他に1分子のNADHとFADH$_2$が生成される．生成したアセチルCoAは，TCA回路に入り，NADHなどの産生に使われる．また，NADHとFADH$_2$は，電子伝達系に送られてATP合成に使用される．

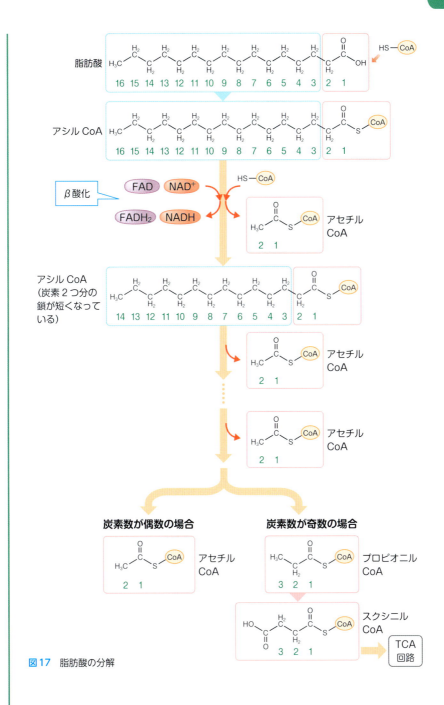

図17 脂肪酸の分解

太陽から得られたエネルギーが形を変えて私たちの体内をめぐる

　本章では，まず生態系のなかのエネルギー循環，次に生体内でのエネルギー循環について学んだ．私たちは生産者がつくった有機物をさまざまな食物の形でエネルギー源としてとり込み，分解してATPをとり出すとともに，ATPを利用して多くの物質を合成し，さまざまな用途に用いて，一部のエネルギーを脂肪やグリコーゲンとして貯蔵する．エネルギー源の摂取と消費のバランスが崩れると肥満や糖尿病などの疾病につながることも，忘れてはならない今後の大きな学習テーマである．

11章 遺伝・遺伝子と進化の基本

なぜ子は親に似るの？

生物は自身のもつ形や性質（形質）を子孫に伝えていきます．これが遺伝です．遺伝情報は染色体の中に存在する遺伝子にコードされています．遺伝子の本体はDNA（デオキシリボ核酸）です．これが受精を通じて子孫へ伝わり，細胞分裂とともに複製されます．また遺伝子発現により種々のタンパク質が合成され，多様な機能を発揮して形質をつくっていきます．本章では遺伝に関する基礎的な知識を学ぶとともに，DNAの複製，および遺伝子発現の経路（セントラルドグマ）の基本原理についても学びます．

1 遺伝と遺伝子

a 遺伝とは何か

生物は自分と同じ種の生物を生み出す能力をもっており，生まれた子どもは，他人よりも両親に似るという特徴をもつ．ヒトでは，毛髪や目の色など，さまざまな身体的特徴や性格などの**形質**（姿形や性質）が親から子へと受け継がれる．このように生物個体の形質が，生殖によって次の世代へと伝達される現象を**遺伝**という．また，それぞれの形質の遺伝を司る因子を**遺伝子**とよぶ．1つの遺伝子で調節される形質の遺伝子は父親から1つ，母親から1つ受け継がれる．1つの遺伝子に2つ（例えば種子の色が緑または黄色）またはそれ以上の種類が存在する場合がある（これを**対立形質**という）．

遺伝のしくみが注目されるようになったのは19世紀になってからで，メンデルがエンドウの育種実験（図1）によって遺伝に関する基本的な原理を導き出した．メンデルが導き出した法則*は，今日では**顕性（優性）の法則**，**分離の法則**，**独立の法則**として知られている（図2）．

図1　メンデルが利用した形質

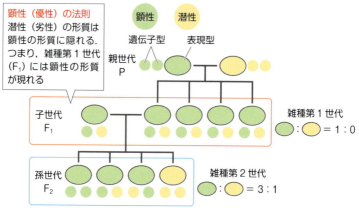

図2　メンデルの遺伝の法則

> **＊メンデルの遺伝の法則**
> - **顕性（優性）の法則**：対立形質をもつ両親から生じるF_1には，顕性形質だけが現れる．
> - **分離の法則**：対立遺伝子（後述）は配偶子の形成過程で分離し，別々の配偶子に分配される．
> - **独立の法則**：別の染色体上（例えば1番と3番）にある形質は，相互に影響しあうことなく遺伝する．

b 染色体に関する用語

5章も参照されたい．

1）相同染色体

　生物の体細胞の核内には，同じ形・同じ大きさの染色体が両親に由来して2本ずつ存在する．これら対をなしている染色体を**相同染色体**とよぶ（図3）．染色体の数は生物種によって決まっており，ヒトでは体細胞中に計23対46本の染色

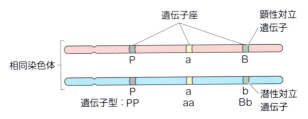

図3　相同染色体と対立遺伝子
1組の相同染色体上にある3つの遺伝子座と対立遺伝子を示す．顕性遺伝子を大文字，潜性遺伝子を小文字で表記している．この図の遺伝子型はPP，aa，Bbであり，表現型はP，a，Bの各遺伝子がコードする形質となる．
「エッセンシャル・キャンベル生物学 原著6版」，丸善出版，2016を参考に作成．

体を有している．このうちの22対44本は雌雄共通の**常染色体**であり，形と大きさが同じ相同染色体である．残りの2本は**性染色体**とよばれ，性別によって構成が異なる．ヒト女性の性染色体はXXであり相同染色体であるが，男性の場合はXYであり，両染色体は形も大きさも著しく異なっている．

2）対立遺伝子

　生物の形質をコードしている遺伝子はDNAにある．DNA上で遺伝子が占めている位置を**遺伝子座**とよぶ．ある形質に関する遺伝子（例えば花の色や種子の形など）は，生物種が同じ場合には同じ遺伝子座に位置している．つまり相同染色体を有する細胞中には，特定の形質に関する遺伝子が2つずつ存在する．2つの遺伝子の情報は同じ場合もあれば，異なる場合もある．同じ遺伝子座に複数種類の遺伝子が存在する場合，それらを**対立遺伝子**とよぶ（図3）．例えばエンドウの場合，丸型種子となる遺伝子とシワ型種子となる遺伝子は対立遺伝子である．

3）遺伝子型と表現型

　前述の丸型種子の遺伝子をA，シワ型種子の遺伝子をaとすると，相同染色体の組合わせとしてAA，Aa，aaの3通りが考えられるが，このような組合わせを**遺伝子型**という．遺伝子型に対して，実際に形質として現れるのが**表現型**である．3通りの遺伝子型のうち，AAやaaのように同一の遺伝子をもつものを**ホモ接合体**，Aaのように異なる遺伝子をもつ個体を**ヘテロ接合体**とよぶが，ヘテロ接合体では2つの遺伝子のどちらかの形質しか示さない場合が多い．この場合，優先的に表現型を示す遺伝子を顕性遺伝子，ヘテロ接合体では表現型を示さない遺伝子を潜性遺伝子という．Aが顕性遺伝子，aが潜性遺伝子だとすると，AAまたはAaは顕性形質（この場合は丸型種子）となるが，潜性形質（シワ型種子）はaaの場合にしか現れない．

2 遺伝子の本体：DNAとRNA

a DNAとRNAの構造

ヒトを含むほとんどの生物では遺伝子の本体はDNA（デオキシリボ核酸）である．DNAは**ヌクレオチド**が多数連結した分子である．ヌクレオチドは五炭糖（デオキシリボース）にリン酸と塩基が結合した構造である（図4A）．糖を構成する炭素分子には位置によって1′から5′の番号がついている（図4B）．DNAの塩基はアデニン（**A**），グアニン（**G**），チミン（**T**），シトシン（**C**）の4種類で

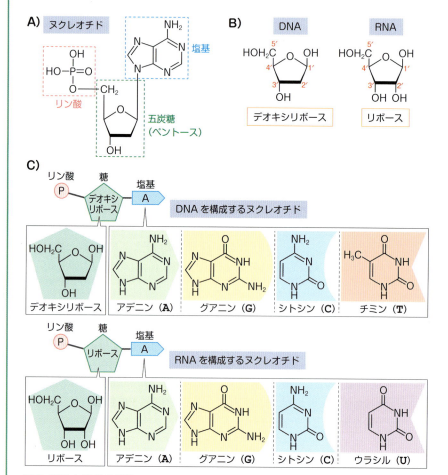

図4　DNAとRNAの構造
A) ヌクレオチドの基本構造．B) DNAとRNAの糖鎖．それぞれの炭素原子に番号がついていることに注意．
C) DNA，RNAを構成するヌクレオチド．

ある（図4C）．ヌクレオチドは糖とリン酸のホスホジエステル結合によって結合している．デオキシリボースの炭素では5′の位置の炭素と3′の位置の炭素が結合に関与することになる．DNAやRNAの合成は必ず5′から3′方向に行われるため，5′側を上流，3′側を下流とよぶこともある．2本のヌクレオチド鎖は塩基間の結合により二本鎖となっている．結合は**A**と**T**，および**G**と**C**の間で，水素結合により生じる（図5）．2本のヌクレオチド鎖の配置は逆向き平行になり，それぞれの結合エネルギーによりらせん構造となる．

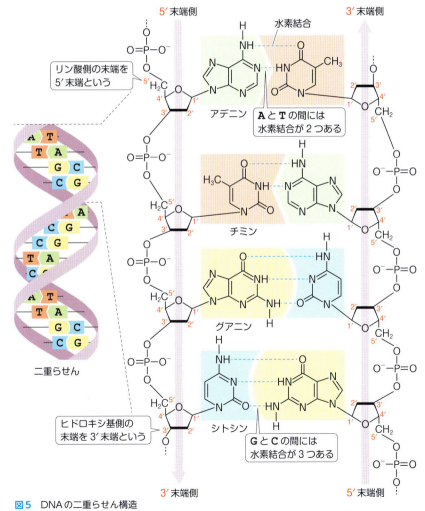

図5　DNAの二重らせん構造
2本のDNAは反対方向に並ぶ．結合する塩基対は決まっている．

RNA（リボ核酸）もDNAと同じくヌクレオチドが連結した構造であるが，ヌクレオチドの糖がリボースであること，4種類の塩基がアデニン，グアニン，**ウラシル（U）**，シトシンであること，通常は一本鎖として存在する点がDNAと異なっている．また，RNAにはさまざまな種類が存在する．特にDNAの遺伝情報を写しとってつくられるmRNA（メッセンジャーRNA），タンパク質合成の場となるリボソームを構成するrRNA（リボソームRNA），翻訳の際にリボソームにアミノ酸を運搬するtRNA（トランスファーRNA）の3種類は，転写・翻訳を経て遺伝子が発現するために必須である．

b DNAの複製（図6）

私たちの体を構成する細胞はすべて，同じ遺伝情報を含んだDNAをもっている．細胞が分裂するとき，DNAも正確にコピーされて新しい細胞に含まれる．元のDNAと同じDNAがつくられることを**DNAの複製**とよぶ．DNA複製のときには，2本のヌクレオチド鎖をつないでいる塩基対の結合が切れて，二重らせんがほどける．次に，分かれた各ヌクレオチド鎖の塩基配列をもとにして，DNAポリメラーゼが相補的なヌクレオチドをつなぎ，新しいポリヌクレオチド鎖を合成する．DNAは**A**に対して**T**，**G**に対して**C**と，相補的な塩基対が決まって

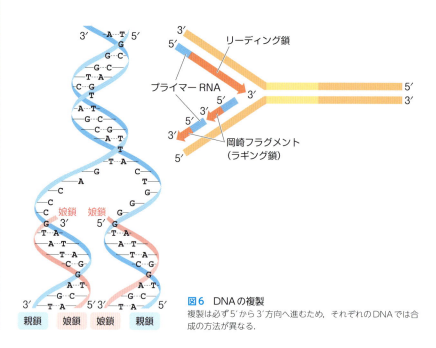

図6 DNAの複製
複製は必ず5′から3′方向へ進むため，それぞれのDNAでは合成の方法が異なる．

いるため，完成した2組のDNAの塩基配列は，元のDNAの塩基配列と完全に同じ組合わせとなる．DNA合成の際には開始点にプライマーRNAというRNAが結合し，それに引き続いてDNAポリメラーゼによりDNAが合成される．合成は必ず5′から3′方向へ進む．したがって二重らせんがほどけたとき，3′側から5′側に向けてほどけたDNAに対しては連続的に合成が行われる．しかし，5′側からほどけたDNAに対しては多くのプライマーRNAが用いられ，断片的にDNAが合成され，その後プライマーRNAがとり外されてDNAがつなぎあわされる．最初にできるDNA断片を岡崎フラグメントとよぶ．また，連続的に合成されたDNAをリーディング鎖，断片的に合成されたDNA鎖をラギング鎖とよぶ．

c 遺伝子発現（図7）

生物は1つの受精卵から分裂して個体を形成しており，どの細胞も同じDNA（同じ遺伝情報）をもっている．遺伝子はRNAとして合成される配列をコードした領域と，RNAを合成するための調節領域からなる．また，RNAとなる領域にはタンパク質を構成するアミノ酸配列をコードした領域（エキソン）とその間の領域（イントロン）が存在する．DNAを鋳型にRNA（mRNA前駆体であるヘテロ核RNA）が合成され，イントロンが切りとられてmRNAとなり，そこからタンパク質がつくられるまでの過程を遺伝子発現とよぶ．同じDNAをもっていても，細胞によって異なる調節を受け，発現するタンパク質が異なる．そのため，生体内には神経細胞，皮膚，血球や筋細胞といった機能も形も異なる多種多様な細胞が存在する．遺伝子発現にはDNAからヘテロ核RNAがつくられる転写，つくられたRNAを成熟させてmRNAをつくるRNAプロセシング，mRNAからタンパク質をつくる翻訳，そして翻訳されたタンパク質が立体構造をつくるなどの翻訳後修飾が行われる．DNAに蓄積された遺伝情報がRNAを介してタンパク質に翻訳され生体の形質をつくる，という過程はすべての生物に共通であり，セントラルドグマ（中心原理）とよばれる．

1）転写（図8）

転写開始領域では二本鎖DNAが解離し，3′から5′方向のDNAヌクレオチド情報をもとに，これと相補的になるようにRNAが5′から3′方向へ合成される．RNAではDNAと同様にGとCが相補的となるが，Aと相補的となるのはTではなくU（ウラシル）となる．最初に合成されるRNAにはエキソンもイントロンも含まれる．転写のためにはRNAポリメラーゼという酵素が必要だが，RNAポリメラーゼ単独では転写の開始点を認識することができない．そのため，転写される遺伝子の少し上流にプロモーターとよばれる特定の塩基配列が存在し，

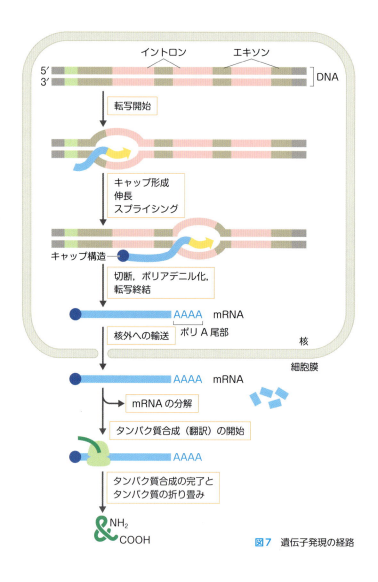

図7 遺伝子発現の経路

　先に**基本転写因子**というタンパク質群が結合してRNAポリメラーゼをよび込む．転写開始には，さらに別の因子（**転写調節因子**）との相互作用が必要である．真核生物ではプロモーターのさらに離れた上流域に**転写調節領域***とよばれる部位がある．そこに転写調節因子が結合すると，転写調節因子と基本転写因子が近付いて転写のON/OFFを制御する．活性型の転写調節因子（アクチベーター）が作用した場合には転写ON，逆に抑制型の転写調節因子（リプレッサー）

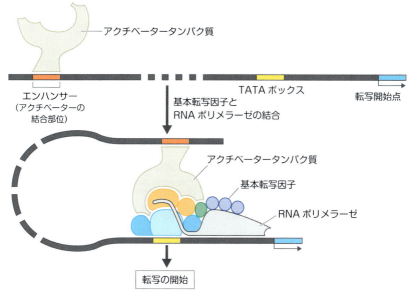

図8 真核生物の転写調節
転写開始点上流のプロモーター領域にはTATAボックスとよばれる特徴的な塩基配列があり，基本転写因子の認識部位となっている．転写開始複合体は，RNAポリメラーゼと5つの基本転写因子（TFIIB，TFIID，TFIIE，TFIIF，TFIIH）で構成されるが，それぞれの因子も複合体であるため，実際には40種類以上のタンパク質からなる超巨大複合体である．上図では1つのエンハンサー領域のみを示しているが，転写調節領域は複数存在することが多い．
「Essential Cell Biology 4th ed」，Garland Science，2014を参考に作成した「基礎から学ぶ生物学・細胞生物学 第4版」（和田 勝/著），羊土社，2020より引用．

が結合すると転写OFFとなる．

*転写調節領域
　アクチベーターが結合する転写調節領域をエンハンサー，リプレッサーが結合する転写調節領域をサイレンサーとよぶ．

2) RNAプロセシング（図9）

　DNAを写しとったmRNAの前駆体（ヘテロ核RNA）が，成熟mRNAになるための修飾を**RNAプロセシング**という．RNAプロセシングでは，5'末端部へのメチル化グアニンの結合（**キャップ構造**の形成），3'末端部へのアデニン塩基の連続付加（**ポリA鎖**付加），そして**スプライシング**が行われる．

　キャップ構造は，RNAの5'末端領域の保護と翻訳活性を調節する役割をもっている．また，ポリA鎖はmRNAの核外輸送を補助するとともに細胞質では酵素の分解からmRNAを保護し，翻訳の開始を促進している．スプライシングは，

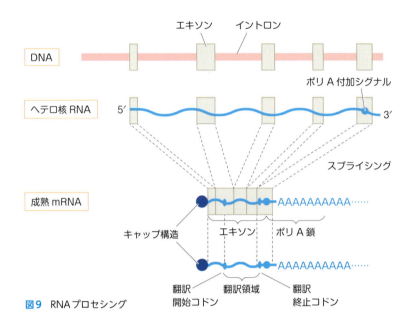

図9 RNAプロセシング

イントロンを切り出し,エキソン同士を結合させる過程であり,これによって翻訳されるアミノ酸配列が決定する.スプライシングは常に同じ場所で行われるわけではなく,細胞によって異なる領域で生じることもある(**選択的スプライシング**).このしくみにより,1つの遺伝子から複数のタンパク質を合成することができる.

3) **翻訳**(図10)

翻訳とは,ヌクレオチド配列の情報をアミノ酸に変換し,タンパク質を合成する過程である.タンパク質を構成するアミノ酸は20種類あり,各アミノ酸は連続した塩基3つの組(**トリプレット**)で指定される.mRNAのトリプレットを**コドン**とよぶ.4種類の塩基を用いて,連続する3塩基の組合わせで1つのアミノ酸を指定する場合,$4^3 = 64$通りの組合わせがある.このうち3つは終止コドンであり,残り61種類のコドンが20種類のアミノ酸を指定する.1種類のアミノ酸に複数のコドンが対応することが多い(表1).

核膜孔から細胞質へ出たmRNAは,リボソームへ移動する.リボソームは大顆粒(大サブユニット)と小顆粒(小サブユニット)からなり,それぞれがタンパク質とRNA〔リボソームRNA(rRNA)〕の複合体である.rRNAがmRNAからタンパク質を合成する際の中心的な役割を担う.

mRNAは,まず小顆粒に結合する.そこへアミノ酸を運んできたトランス

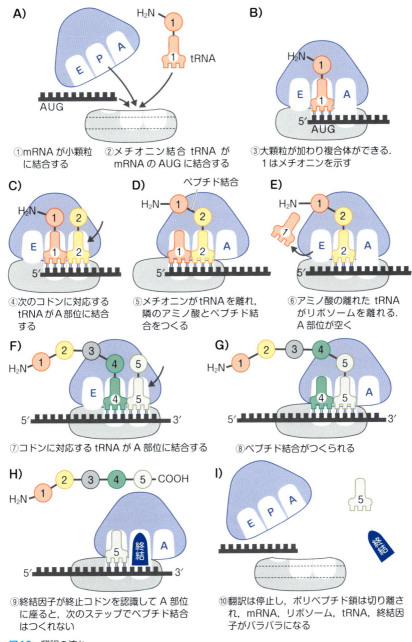

図10 翻訳の流れ
A〜E）開始，F〜G）伸長，H〜I）終了．開始コドンの上流には本来5'非翻訳領域があるが省略している．
「Molecular Biology of the Cell 6th ed」，Garland Science，2014および「基礎から学ぶ生物学・細胞生物学 第4版」（和田 勝/著），羊土社，2020を参考に作成．

表1 コドン表

1番目の塩基	2番目の塩基				3番目の塩基
	U	C	A	G	
U	フェニルアラニン フェニルアラニン ロイシン ロイシン	セリン セリン セリン セリン	チロシン チロシン (終止) (終止)	システイン システイン (終止) トリプトファン	U C A G
C	ロイシン ロイシン ロイシン ロイシン	プロリン プロリン プロリン プロリン	ヒスチジン ヒスチジン グルタミン グルタミン	アルギニン アルギニン アルギニン アルギニン	U C A G
A	イソロイシン イソロイシン イソロイシン メチオニン(開始)	スレオニン スレオニン スレオニン スレオニン	アスパラギン アスパラギン リシン リシン	セリン セリン アルギニン アルギニン	U C A G
G	バリン バリン バリン バリン	アラニン アラニン アラニン アラニン	アスパラギン酸 アスパラギン酸 グルタミン酸 グルタミン酸	グリシン グリシン グリシン グリシン	U C A G

ファーRNA（tRNA）が結合する．tRNAは運んできたアミノ酸に対応するコドンを読みとり，5′側から順にmRNAに結合する．大顆粒にはE，P，Aとよばれる領域があり，tRNAがP領域からE領域にスライドした際にアミノ酸が離れ，P領域に存在するtRNAのアミノ酸とペプチド結合でつながる．また，次に結合するtRNAはA領域で待機している．このようにして特異的なコドンを認識したtRNAが次々と結合しアミノ酸が連結される．なお，mRNAの翻訳開始点には必ずメチオニンのコドンAUG（開始コドン）が存在する．そして終止コドンが出現するまで翻訳が続く．

4) **翻訳後修飾**

　翻訳でつくられたタンパク質は，さらに特定の立体構造を形成してはじめて機能的なタンパク質となる．遺伝子はタンパク質の一次構造（アミノ酸の配列）を決定している．これらのアミノ酸のC＝OのOとH－NのNの間で水素結合が生じ二次構造を形成する（**図11A**）．さらにこれが折り畳まれて立体構造（三次構造）となり，この段階ではじめて機能的なタンパク質となる（**図11B**）．立体構造形成には，シャペロニンとよばれるタンパク質が関与することが多い．翻訳され立体構造を形成するまでの過程を**翻訳後修飾**とよぶ．さらに，特定のアミノ酸への化学修飾（糖鎖・脂質・リン酸基の付加など）や，酵素による部分分解，タンパク質間の結合なども行われる．タンパク質の一次～四次構造については9章も参照されたい．

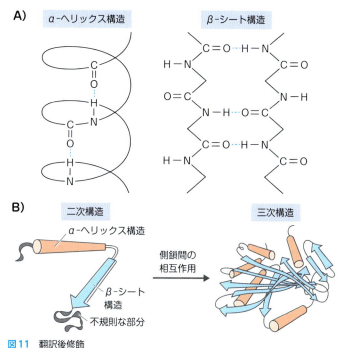

図11　翻訳後修飾
A) タンパク質の二次構造．B) タンパク質の立体構造．

5) 遺伝子変異（図12）

　DNAの複製は正確に生じると述べてきたが，実際には10万回の複製に1回程度の割合で（基本的にはランダムに）読み間違いや変異が起こる．また，紫外線や放射線などでDNAが切断され，修復される際に変異が生じることもある．その結果，コードしているアミノ酸が変化し，異なるタンパク質が生じて表現型に変化が生じる．遺伝子の変異は進化や種分化，発がんなどの原因となる．主なDNAの変異には，塩基の**置換**，**挿入**，**欠失**がある．

　塩基の置換では，アミノ酸配列が変化する場合以外に，アミノ酸配列に影響しないものもある．1つはイントロン内の置換，もう1つはコドンの3番目の塩基の置換である．エキソン内の塩基であっても，3番目の塩基はアミノ酸の指定において自由度が高いことに注意が必要である（表1でグリシンなどを確認してほしい）．アミノ酸に変化をもたらさない変異を**サイレント変異**，アミノ酸が変化する変異を**ミスセンス変異**という．これら以外に，1塩基置換が終止コドンをもたらす場合もある（**ナンセンス変異**）．サイレント変異であっても翻訳や転写に影響する場合もあるので，まったく影響がないわけではない．

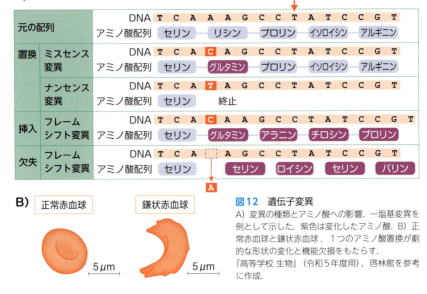

図12 遺伝子変異
A) 変異の種類とアミノ酸への影響．一塩基変異を例として示した．紫色は変化したアミノ酸．B) 正常赤血球と鎌状赤血球．1つのアミノ酸置換が劇的な形状の変化と機能欠損をもたらす．
「高等学校 生物」（令和5年度用），啓林館を参考に作成．

　塩基の挿入や欠失の場合は，置換よりも大規模な変異につながる．例えば1つの塩基が挿入（あるいは欠失）するとアミノ酸の読みとり枠がずれて（**フレームシフト**），それ以降のアミノ酸配列が完全に変化することになる．

　遺伝子変異によって変化したアミノ酸の数がわずかであったとしても，タンパク質の立体構造には大きく影響する場合も少なくない．例えば鎌状赤血球貧血症では，ヘモグロビンβ遺伝子の1塩基置換によってアミノ酸が1つ，グルタミン酸からバリンに変化しているが，これが赤血球の形状を大きく変化させて機能的な欠陥をもたらしている．

　変異は体細胞に起こる場合と生殖細胞に起こる場合がある．前者は**体細胞変異**とよび，がん化の原因になるなど自身の変化に直結する変異であるが子孫には伝わらない．その一方で，後者は**生殖細胞変異**とよばれ，当事者には影響しないが，次世代に伝達されて変異の影響が現れることがある．

6) 遺伝子の変異と進化

　DNAの変異が形質の変化となり，世代を超えて伝わった場合が**進化**である．遺伝子のランダムな変異が進化の本体であるので，進化はあくまで確率的なものであることを忘れてはならない．進化した形質が生息環境での生存や子孫を残すことに有利に働く場合は，進化した生物の世代を超えた生存の確率が高くなる．この現象を**自然選択**とよぶ．進化については15章で詳しく学ぶ．

分子生物学は生物の構造・機能そして病態を学ぶための基本となる

　分子生物学の進歩により，遺伝および遺伝子の本体が明らかになった．また，どのようにしてタンパク質が合成されるかも明らかになった．以前はDNAの配列がすべて明らかになれば，すべての疾病の原因がわかると考えられていたが，実はそう簡単ではないようである．興味があれば，本章で学んだ内容をもとに遺伝子の発現制御やタンパク質の構造の修飾などをさらに学んでほしい．

12章 酸と塩基

ヒト体液のpHはいくつ？
どうやって一定に保つの？

　ヒトの体液（細胞外液）のpHは7.35〜7.45と狭い範囲に保たれています．どのようなメカニズムでこのような狭い範囲に保つことができるのでしょうか．また，酸塩基平衡が乱れた状態を**アシドーシス・アルカローシス**とよびますが，どのような変化が生じているのでしょうか．皆さんのほとんどは高校のときに，酸塩基に関する基本的な知識を学んだと思います．しかし，その知識を用いて生体における体液pH調節機構を考えるには，生体に特異的な酸塩基平衡の調節系について学ぶ必要があります．本章では高校で得た知識を復習しながら生体におけるpH維持機構についての基本を学びます．

1　ヒト体液pH調節の概要

　ヒト体液（細胞外液）pHは7.35〜7.45という極めて限定された値に保たれており，それを可能にしているのが体液の**緩衝作用**である．生体内には重炭酸系，リン酸系，ヘモグロビン系，血漿タンパク質系という4つの緩衝系が存在する．そのなかでも，重炭酸系は，エネルギー代謝によって生じる二酸化炭素をもとにした反応で，緩衝作用のなかで大きな役割を占めている．体内の酸塩基平衡は，重炭酸緩衝系と連動して肺と腎臓によって主に調節されている．これらの器官における二酸化炭素や水素，重炭酸の出納が体液pHを決定する主な要因となっている．これらの器官に異常が生じると**アシドーシス**や**アルカローシス**などの病態を生じ，体液pHが乱れることになる．

2 生体における酸と塩基

a 酸とは，塩基とは

　酸と塩基の定義はいくつかあるが，ここでは生命科学分野で通常用いられるBrønsted-Lowry（ブレンステッド・ローリー）の定義に基づいた酸と塩基について述べる．この定義では，酸と塩基は**水素イオン**（H⁺）の移動の観点から定義され，**H⁺を他の化合物に供与する物質が酸，H⁺を受け入れる物質が塩基**となる．ある酸がH⁺を供与した場合，供与後に残った物質は，逆反応ではH⁺を受け入れるので塩基（共役塩基とよぶ）になる．それと同様に，塩基がH⁺を受け取ってできた物質は酸（共役酸とよぶ）に変換される．塩酸（HCl）や，水酸化ナトリウム（NaOH）は水溶液中ではほぼ完全に解離（電離）しており，反応式は一方向性となり，次のようにあらわされる．このように水溶液中で完全に解離する酸や塩基をそれぞれ強酸，強塩基とよぶ．なお水酸化ナトリウムはH⁺ではなくOH⁻が解離するが，OH⁻はH⁺と結合できるので，塩基となる．

$$HCl \rightarrow H^+ + Cl^-$$
$$NaOH \rightarrow Na^+ + OH^-$$

　一方，アンモニア（NH₃）は水溶液中ではすべて解離し，アンモニウムイオン（NH₄⁺）になるわけではなく，一部はNH₃のまま溶液中に存在する．そのため反応式は両方向性となり，次のようにあらわされる．このように水溶液中で一部だけ解離するような物質を弱酸，弱塩基とよぶ．

$$NH_3 + H_2O \rightleftarrows NH_4^+ + OH^-$$

　右方向の反応に着目すると，溶液中でNH₃はOH⁻を生じH⁺を受け入れるため塩基として作用する．なお，H₂OはH⁺を供与するため酸として作用する（このとき，NH₄⁺はNH₃の共役酸，OH⁻は水の共役塩基である）．一方，左方向の反応では，NH₄⁺はH⁺を供与する酸として作用している．Brønsted-Lowryの定義によると，NH₃は塩基であるがNH₄⁺は酸ということになる．この反応式はNH₄⁺に注目すると，次のようにあらわすこともできる．なお，弱酸，弱塩基の解離の割合はそれぞれの物質で一定となっており，**平衡状態**とよばれる．

$$NH_4^+ \rightleftarrows NH_3 + H^+$$

b 酸塩基平衡

前述の弱酸・弱塩基のように両方向性の反応によって，酸性物質と塩基性物質が一定の割合で存在し，平衡状態を保っていることを**酸塩基平衡**という．アンモニアなどの弱塩基や，酢酸などの弱酸は，一部しか解離（電離）しない．酢酸は以下の反応式で平衡を保っており，このなかの物質のいずれかが増減すると，反応が左右に移動する．

$$CH_3COOH \rightleftarrows CH_3COO^- + H^+$$

c 緩衝作用

bで述べた通り，弱酸はすべてが解離するわけではなく，一定の割合で溶液中に存在する．例として酢酸をあげると，溶液中の酢酸は，一部が解離して平衡状態にあり，

$$CH_3COOH \rightleftarrows CH_3COO^- + H^+$$

となっている．各濃度を［CH_3COOH］，［CH_3COO^-］，［H^+］（M：モル濃度 mol/L）とすると，

$$\frac{[H^+][CH_3COO^-]}{[CH_3COOH]} = K （定数）$$

という関係が成り立っている．定数 K は**解離定数**とよばれ，一般的な平衡反応の場合は Kd と記載されるが，酸塩基の解離定数（酸解離定数）は Ka と記載される（以降 Ka と示す）．

この溶液中に新たに H^+ を加えると，

$$CH_3COOH \leftarrow CH_3COO^- + H^+$$

という方向に反応が進み，CH_3COO^- 濃度は低下し，CH_3COOH 濃度は上昇して，Ka 値は一定に保たれる．このようにして，特定の物質濃度が大きく変化しないように調節する作用のことを**緩衝作用**という（**図1**）．緩衝作用をもつ溶液が**緩衝液**（バッファー）である．私たちの体液も緩衝液として機能し，体液のpHを安定化している．酵素反応をはじめとする生体内の化学反応の大半はpHに依存しているので，わずかなpHの変化も生体機能に大きな影響をもたらす．

d ヒト体液の緩衝系

ヒト細胞外液（特に動脈血）のpHは7.35～7.45という狭い範囲に保たれているが，このしくみの軸となっているのが，体液中の物質による緩衝作用である．生体内には重炭酸系，リン酸系，ヘモグロビン系，血漿タンパク質系という4つ

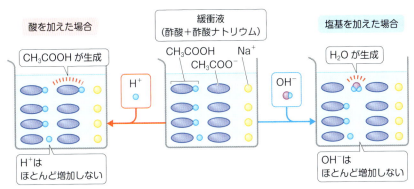

図1 酢酸と酢酸ナトリウムの緩衝作用
文中では酢酸のみで緩衝作用を説明したが，一般に，弱酸とその塩を混合したものを緩衝液とする．図では，酢酸ナトリウムの解離によって，CH_3COO^- が多量に存在する状態からはじまっている．
「新編 化学」，数研出版，2020を参考に作成．

の緩衝系が存在する．体内で起こる全緩衝作用のうち約60％を重炭酸系，約30％をヘモグロビン系，残り約5％ずつを血漿タンパク質系とリン酸系が担っている．なお，細胞内液は主にリン酸系が担っており，pHはほぼ7.0に保たれる．

　重炭酸系緩衝作用のもととなる二酸化炭素（CO_2）は，体内のグルコースの分解（好気的解糖）や脂肪酸代謝によって大量につくられている．これらが水と反応して重炭酸（H_2CO_3）を生成し，さらに体内の炭酸脱水酵素（CA：carbonic anhydrase）の働きによって重炭酸（炭酸水素）イオン（HCO_3^-）と水素イオンとなる．この反応を式であらわすと，

$$CO_2 + H_2O \rightleftarrows H_2CO_3 \rightleftarrows HCO_3^- + H^+$$

となる．これらの物質が体液中に一定の割合で存在すると，おのおのの緩衝作用によって体液pHが大きく変化しない状態となる．

e Henderson–Hasselbalchの式

　Henderson–Hasselbalch（ヘンダーソン・ハッセルバルヒ）の式はKaとpHの関係を示した式で，すべての弱酸や弱塩基について成立する．この式はどのような物質の濃度変化によって溶液のpHが変化するのか計算する際に重要な式となる．

　弱酸HAを例に解離式からHenderson–Hasselbalchの式を導いてみる．

$$HA \rightleftarrows H^+ + A^-$$

[H⁺] と [A⁻] をそれぞれの物質の濃度とすると，化学平衡の法則からKaは，

$$Ka = \frac{[\text{H}^+][\text{A}^-]}{[\text{HA}]}$$

ここからpHを求めるため，まず[H⁺]を求める．

$$[\text{H}^+] = Ka \times \frac{[\text{HA}]}{[\text{A}^-]}$$

さらに両辺の常用対数をとって，

$$-\log_{10}[\text{H}^+] = -\log_{10}Ka - \log_{10}\frac{[\text{HA}]}{[\text{A}^-]} \cdots ①$$

となる．ここで示された

$$-\log_{10}Ka = \log_{10}\frac{1}{Ka} \quad (Ka\text{の逆数の常用対数})$$

は，pKaとよばれる．pKaは酸によって固有の値を示す．

pKaを①式にあてはめると，pHは，$-\log_{10}[\text{H}^+]$なので，

$$\text{pH} = \text{p}Ka + \log_{10}\frac{[\text{A}^-]}{[\text{HA}]}$$

となる．これがHenderson-Hasselbalchの式である．式からわかる通り，pKaは酸の強さをあらわす指標となり，pKaが小さい方がより強い酸ということになる．

この方法で体内の重炭酸系のHenderson-Hasselbalchの式を求める．基本となる反応式は以下である．

$$\text{CO}_2 + \text{H}_2\text{O} \rightleftarrows \text{H}_2\text{CO}_3 \rightleftarrows \text{HCO}_3^- + \text{H}^+$$

この反応における各濃度には以下のような関係が成立する．

$$\frac{[\text{H}_2\text{CO}_3]}{[\text{CO}_2]} = Ka_1 \cdots ②$$

$$\frac{[\text{H}^+][\text{HCO}_3^-]}{[\text{H}_2\text{CO}_3]} = Ka_2 \cdots ③$$

②式を変形して$[\text{H}_2\text{CO}_3] = Ka_1[\text{CO}_2]$として③式に代入すると，

$$\frac{[\text{H}^+][\text{HCO}_3^-]}{Ka_1[\text{CO}_2]} = Ka_2$$

さらに左辺に[H⁺]を残して変形すると，

$$[\text{H}^+] = Ka_1 Ka_2 \frac{[\text{CO}_2]}{[\text{HCO}_3^-]}$$

となり，この両辺の対数をとると，

$$\log_{10}[\mathrm{H}^+] = \log_{10} Ka_1 Ka_2 \frac{[\mathrm{CO}_2]}{[\mathrm{HCO}_3^-]}$$

である.pHは,$-\log_{10}[\mathrm{H}^+]$ なので,

$$\mathrm{pH} = -\log_{10}[\mathrm{H}^+] = -\log_{10} Ka_1 Ka_2 \frac{[\mathrm{CO}_2]}{[\mathrm{HCO}_3^-]}$$

$$= -\log_{10} Ka_1 Ka_2 + \log_{10} \frac{[\mathrm{HCO}_3^-]}{[\mathrm{CO}_2]} \quad \cdots ④$$

$$-\log_{10} Ka_1 Ka_2 = \log_{10} \frac{1}{Ka_1 Ka_2} = \mathrm{p}K_{(Ka_1 Ka_2)}$$

は定数であり,体液のような重炭酸系の緩衝作用では6.1である.さらに,体液中の二酸化炭素(CO$_2$)はガス分圧の形で測定されることが多い(memo 参照)ので,これをモル濃度に変換するために,ガス分圧(mmHg)に係数0.03(mM/mmHg)をかける.以上を④に代入すると,

$$\mathrm{pH} = 6.1 + \log_{10} \frac{[\mathrm{HCO}_3^-]}{0.03 \times \mathrm{PCO}_2} \quad \cdots ⑤$$

という式が完成する.これがHenderson-Hasselbalchの式に基づく体液pHの計算式である.この式を見ると,pHは水素イオン濃度([H$^+$])の上昇によって酸性になるだけでなく,血液中の重炭酸イオン(HCO$_3^-$)や二酸化炭素(CO$_2$)の割合が変化しても酸性に傾いたり,塩基性に傾いたりすることがわかる.

> **memo** 血中に溶けている気体の濃度をガス分圧で表現できる理由
> 医学分野では溶液(通常は血液)中に溶解しているO$_2$やCO$_2$の濃度をモル濃度ではなくガス分圧(mmHgまたはTorr)であらわすことが多い.これはHenry(ヘンリー)の法則(液面に接する気体から溶解するガスの量は気体のガス分圧に比例する)に基づいている.例えば,1気圧(760 mmHg)で100%のO$_2$を溶解したときの溶解度(飽和濃度)が0.9 mMなら,O$_2$の分圧が100 mmHgのときの溶解度は,Henryの法則から,
>
> $$0.9\,(\mathrm{mM}) \times \frac{100}{760} = 0.12\,(\mathrm{mM})$$
>
> となる.
> 医学分野では肺におけるガス交換も並行して考えることが多く,気体と液体のガス濃度比較にはモル濃度より分圧であらわす方が便利である.そのため溶存ガス濃度は分圧(mmHg)で表現することが多い.

f 酸塩基平衡調節における肺と腎臓の役割

　生体内では，酸素供給が十分なときのグルコースの分解（好気的解糖）でCO_2が産生され，供給が不十分なときの分解（嫌気的解糖）では乳酸がつくられている．またタンパク質やアミノ酸の異化において，リン酸や乳酸などがつくられる．これらのことからわかる通り，生体内では代謝によって多くの酸がつくられ，酸過剰状態になっている．そのため体液をpH 7.35～7.45に維持するには，前述の緩衝作用に加え，体外に酸を継続的に排泄するしくみが必要である．この役割を主に担っているのが肺と腎臓である．

　私たちは呼吸によって継続的に揮発性酸（CO_2）を体外に排泄しているが，肺での1回換気量および呼吸数はCO_2濃度や体液pHによって細かく調節されている．体液のpH低下やPCO_2（二酸化炭素分圧）上昇が感知されると，肺の1回換気量および呼吸数が増加し，CO_2排出量が増加し血中pHが上昇する．

　一方，CO_2以外の酸，すなわち不揮発性酸の排泄を担っているのは腎臓である．体内では，タンパク質の代謝過程でアンモニア（NH_3）が産生されるが，アンモニアは毒性が強いため，肝臓で尿素；$CO(NH_2)_2$に変換されて腎臓から排泄され，重要な不揮発性酸の排泄源となっている．尿素は溶液中で解離しないが，極性（分子内に＋と－の荷電をもっていること）があるので，体液には溶解する．緩衝作用はもたない．一方，アミノ酸は腎臓でも代謝され，生成される．不揮発性酸の約半分はアンモニウムイオン（NH_4^+）に変換されて排泄され，残りの半分はH^+として尿中に排泄される．さらに，腎臓は重炭酸イオン（HCO_3^-）量の調節も行っている．HCO_3^-は糸球体でいったん濾過されるが，その後，大部分が再吸収されて重炭酸緩衝系で使用される．肺と腎臓における酸塩基調節の概要をあらわすと図2のようになる．

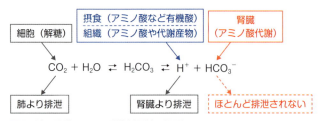

図2　肺と腎臓における酸塩基調節の概要

3 酸塩基平衡の異常：アシドーシスとアルカローシス

前述の通り，体液（特に動脈血）のpHは7.35〜7.45という狭い範囲に保たれている．これを維持するのが，重炭酸系をはじめとする体内の緩衝系である．一方，さまざまな要因によって動脈血の二酸化炭素分圧（$PaCO_2$）や重炭酸イオン濃度（[HCO_3^-]）が過剰に変化することがある．

動脈血pHが酸性側（pH＜7.35）に傾いた状態を酸血症（アシデミア）とよび，酸血症に至る身体の状態をアシドーシスという．同様に塩基性側（pH＞7.45）に傾いた状態をアルカリ血症（アルカレミア）とよび，アルカリ血症に至る状態をアルカローシスとよぶ．それぞれ呼吸性と代謝性がある．

呼吸性アシドーシス・アルカローシスは，肺胞における換気異常が主な原因であり，$PaCO_2$の変化が起こる．例えば，喘息などで気道が閉塞し，CO_2の排泄障害があれば，重炭酸系の平衡式の反応が右に動くことになりpHが低下する（呼吸性アシドーシス）．なお，この際HCO_3^-が増加することにも注意してほしい（図3）．

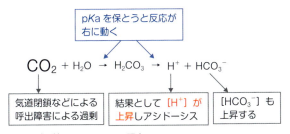

図3　呼吸性アシドーシスの反応

一方，過呼吸の場合はCO_2の過剰排泄のために濃度が低下し，前述の反応が左に動きpHが上昇する（呼吸性アルカローシス）ことは容易に理解できる．

それでは，代謝性のpH変化を考えてみる．代謝性の酸塩基平衡異常の場合は主にH^+の量的変化が原因であり，平衡式の反応が動いてもpHを補正しきれない場合に生じる．例えば，嫌気的解糖で乳酸が過剰に産生され血中のH^+が増加した場合を考える．この場合，重炭酸系の反応は左に動き，[H^+]を低下させようとする．しかし，十分低下させられない場合，アシドーシス（代謝性アシドーシス）となる．なお，呼吸性アシドーシスと異なり，[HCO_3^-]は低下する（図4）．

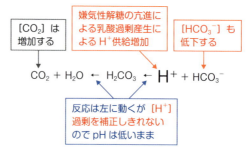

図4 代謝性アシドーシスの反応

　一方，胃液（HCl）の嘔吐などでH⁺が多量に失われ，反応が右に動いても補正できない場合は，アルカローシス（代謝性アルカローシス）となることも容易に理解できる．

　表1にアシドーシスとアルカローシスにより生じる変化をまとめた．

表1　アシドーシスとアルカローシス

異常	主な原因	臨床的な要因	動脈血の変化（代償がない場合）
呼吸性アシドーシス	$PaCO_2$ 増加	・肺胞換気量低下 ・肺拡散能低下 ・換気・血流不均等	・pH低下 ・$PaCO_2$ 増加 ・$[HCO_3^-]$ 増加
呼吸性アルカローシス	$PaCO_2$ 低下	さまざまな原因による肺胞換気量増加（不安，低酸素，薬物など）	・pH増加 ・$PaCO_2$ 低下 ・$[HCO_3^-]$ 低下
代謝性アシドーシス	H_2CO_3 以外の酸（H⁺）の増加，またはHCO_3^-の低下	・H⁺排泄低下（腎不全） ・有機酸の増加（乳酸，ケトン体など） ・下痢によるHCO_3^-喪失	・pH低下 ・$PaCO_2$ 不変 ・$[HCO_3^-]$ 増加
代謝性アルカローシス	H_2CO_3 以外の酸（H⁺）の低下，または塩基の増加	H⁺排泄増加（嘔吐，アルドステロン過剰分泌など）	・pH増加 ・$PaCO_2$ 不変 ・$[HCO_3^-]$ 増加

なぜpHを一定に保つ必要があるのか？

　中学や高校の理科の実験でほんの少しの酸や塩基を加えただけでpHが大きく変化することを経験した人も多いだろう．それを考えるとヒトのpHがこのように狭い範囲に保たれているのは驚異的である．本章では調節の中心となる重炭酸系を中心に学習した．今後，なぜpHを一定に保つ必要があるのか考えてほしい．

13章 生体の防御機構

私たちの体はどうやって異物を除いているのだろうか？

　本章では，生体における異物に対する防御メカニズム（免疫）について学習します．私たちの体には大きく分けて3種類の異物に対する防御機構があります．1つは上皮（皮膚，粘膜）による物理的・化学的防御で，これが破られると好中球を中心とした白血球による非特異的な防御機構（自然免疫）で対応します．これで異物が除去できない場合に発動されるのが，リンパ球や免疫グロブリンによる特異的（ある特定の物質・細菌などを標的にする）防御機構（獲得免疫）になります．生体のこのような機構を利用して，ワクチンなどの予防接種により，細菌やウイルスの感染から体を守る方法も用いられています．また，防御反応が過剰になってしまう場合，身体に悪影響を及ぼすことがあります．これがアレルギーです．本章では基本的な免疫反応のしくみに加え，ワクチンやアレルギーについても学びます．なお，詳しい免疫機構については，免疫学で学びます．

1　外来性異物に対する生体防御のしくみ

　私たちは，**病原微生物**をはじめとする**異物**に囲まれている．異物の侵入により生体に悪影響を及ぼすことも少なくない．そこで私たちの身体には異物の侵入を防ぎ，また，たとえ侵入しても排除する機構が存在する．このような生体の防御機構を**免疫**とよぶ．
　生体防御機構には3つの段階が存在する（図1）．第1段階は，上皮において体内への異物の侵入を防ぐ機構であり，物理的防御と化学的防御がある．皮膚の表面では細胞同士がタイトジャンクションという結合で固く結合して，異物の侵入を防ぐとともに，死んだ皮膚の細胞が角質層として肌を覆ってバリアを形成し，異物の侵入を防いでいる（物理的防御）．また，汗，涙，唾液には抗菌作用のある酵素（リゾチーム）が含まれている．消化管や気管などの粘膜では，

図1　外来性異物に対する防御・除去反応

消化液により異物の消化が行われるとともに粘液による異物の捕捉や殺菌が行われる（化学的防御）．

第1段階をすり抜けて，異物が生体内に侵入すると，第2・第3の反応が起こる．生体内には自分自身の構成物質（**自己**）か異物（**非自己**）かを区別するしくみが存在するが，第2の反応は，異物の特徴を幅広く認識し，**食作用**（**貪食**）などによって非特異的に除去する機構である．これを**自然免疫**とよぶ．自然免疫で除去できなかった物質に対しては，第3の防御機構として**獲得免疫**が働く．獲得免疫は異物を選択的・特異的に除去する反応で，**リンパ球**が中心となる．

2 免疫にかかわる細胞

体内での免疫反応では，体内を循環する白血球が重要な役割を果たしている．白血球には好中球をはじめとする**顆粒球**，および**マクロファージ**，**樹状細胞**，**リンパ球**などがある（図2）．

a 顆粒球

好中球，好酸球，好塩基球があり，これらが貪食細胞として機能する．特に**好中球**は循環血中の白血球の約60％を占め，組織損傷の際に2時間ほどで損傷部位に集結する．異物をとり込んだ細胞は死滅し，膿となる．

b マクロファージ

血中では**単球**とよばれ，血管外へ出ると形態が変わりこうよばれる．組織マクロファージとして組織に存在する以外に，組織が損傷を受けると血中から組織へ漏出する．好中球よりも遅れて損傷部位に集結し，貪食により異物をとり込んで分解するが，一部を**抗原**としてリンパ球に提示し，**獲得免疫**にも関与する．

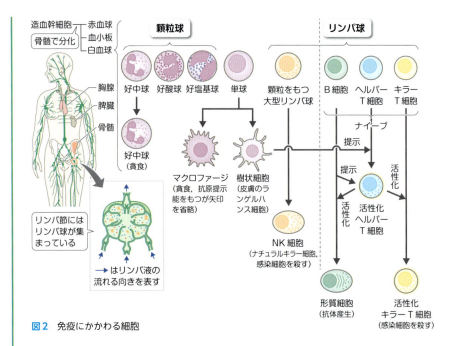

図2 免疫にかかわる細胞

c 樹状細胞

骨髄の**単球系前駆細胞**から分化して，皮膚，肺，消化管の間質などに存在する．樹状の突起をもち，この突起を用いて活発な貪食を行う．貪食によって活性化された樹状細胞はリンパ節や脾臓に移動し，**抗原提示**を行って獲得免疫にも作用する．

d リンパ球

B細胞，T細胞，NK細胞（ナチュラルキラー細胞）などがある．他の白血球と同様に**骨髄**で産生される．B細胞やNK細胞は骨髄でつくられ分化するが，T細胞は骨髄でつくられた後，**胸腺**へ移動してヘルパーT細胞やキラーT細胞など機能の異なる細胞に分化する．獲得免疫の主役であるT細胞やB細胞は，1つの細胞で1種類の異物を認識するため，異物の種類に応じて多数の細胞がつくられている．NK細胞は生体内を巡回している大型のリンパ球である．病原菌，ウイルス感染細胞，がん細胞などに特徴的な細胞表面のタンパク質を認識すると，細胞傷害性分子（パーフォリンやグランザイム）を分泌してこれらを破壊する．リンパ管の各所に存在する**リンパ節**にはリンパ球が集まっていて，リンパ液に侵入した異物やがん細胞を活発に排除している．

3 上皮のバリア機構

異物の侵入は体表面から生じる．体外環境に接する上皮には，物理的に異物の侵入を防御する**物理的防御**と，酵素など化学物質を使って異物の侵入に対抗する**化学的防御**が存在する．

a 皮膚における防御機構（図3）

皮膚の細胞は互いに密着し耐水性のバリアを形成するとともに，絶え間なく分裂している．また表皮の細胞層は角質化して，最終的には脱落するため，皮膚に付着した微生物は除去される．表皮の下層にある皮脂腺からは皮脂が分泌され，耐水性を強化する．汗腺からは水分や塩分とともにリゾチームなどの殺菌酵素が分泌される．体毛も皮膚へ直接ほこりが付着するのを防いでいる．

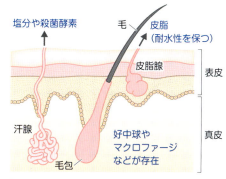

図3 皮膚における防御機構

b 粘膜における防御機構（図4）

気道，消化管などに存在する粘膜上皮は粘液に覆われている．

気道では，吸入した微粒子は粘液で捕捉され，その後，線毛により口腔方向へ押し出されるとともに，最終的には咳やくしゃみによって体外へ排出される．消化管では，粘膜上皮細胞（特に小腸上皮細胞）が絶えず分裂・脱落をくり返し，異物の接着を阻害している．これらの物理的防御に加え，粘膜では化学的防御も行われている．消化管や気道粘膜細胞はリゾチームなどの殺菌酵素を分泌するほか，胃では強酸性の胃酸が殺菌

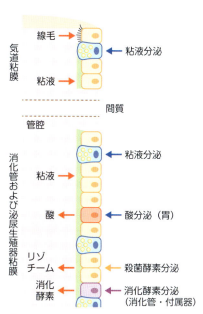

図4 粘膜における防御機構

作用をもっている．また，腸管などから分泌される消化酵素は，異物を消化する．さらに，消化管粘膜には多数の共生微生物が存在し，菌叢（フローラ）を形成している．フローラで産生される多量の外来微生物殺菌物質や酵素，酸なども病原菌の生着を阻害し，粘膜における重要なバリア機構となっている．

4 自然免疫

微生物の感染や異物の侵入，外傷などで組織が損傷すると，そこから自然免疫が活性化する．自然免疫は，**食作用をもった白血球**とそれを促進する**補体**[*1]，**NK細胞**の働きによって機能している．

> *1 補体
> 抗体や食細胞のはたらきを補助するタンパク質の総称．血中などに存在する．

a 自然免疫活性化の機序（図5）

白血球やマクロファージは，細菌やウイルスの成分，および損傷した細胞から出た細胞内の成分などを異物として認識する**パターン認識受容体**[*2]をもっている．組織に侵入した細菌・ウイルス，または組織の損傷により生じた細胞内成分は，まず組織に存在するマクロファージのパターン認識受容体が異物として認識し，貪食され細胞内へとり込まれる．マクロファージは活性化して自然免疫の活性化因子（サイトカイン・ケモカイン）を分泌する．これらサイトカインの作用によって，毛細血管が拡張して血流量が増え，傷害部位の**発赤**として観察される．また，毛細血管の透過性も亢進し，好中球や単球（組織でマクロファージや樹状細胞に分化）が血管外へ漏出し，サイトカインのシグナルを頼りに損傷部位へ移動（**遊走**）して（図6）貪食反応がさらに進むとともに，サイトカイン・ケモカインの分泌も増加する．サイトカインなど化学物質の濃度勾配によって遊走が促進することを**走化性**とよぶ．また透過性が上昇すること

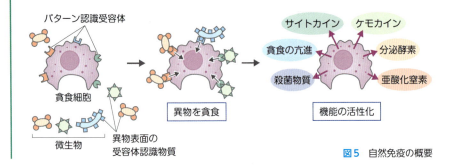

図5 自然免疫の概要

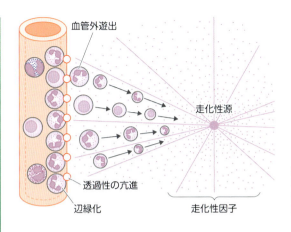

図6 白血球の血管外への遊走
毛細血管孔からの血管外遊出と組織傷害部位に向けての走化性による白血球の移動.

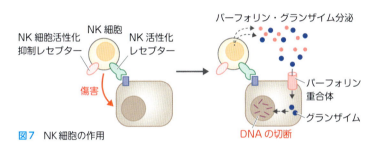

図7 NK細胞の作用

で間質の水分が増加し，局所性浮腫（**腫れ**）が生じる．このような生体反応を**炎症反応**とよぶ．多量の異物を貪食した場合，好中球は死滅し**膿**となる．

＊2 パターン認識受容体

異物と認識した物質に結合する受容体であり，代表的なものにToll様受容体（TLR）がある．細菌の細胞壁成分や鞭毛を形成するタンパク質，ウイルスの二本鎖RNAなど，病原性異物には共通する構造があり，TLRは，それらの共通する構造を感知する．

b NK細胞による感染細胞の除去（図7）

NK細胞（ナチュラルキラー細胞）は生体内を巡回している大型のリンパ球である（2も参照）．貪食能はもたないが，ウイルスに感染した細胞の除去にかかわるなど自然免疫では重要な役割を果たしている．生体内に侵入したウイルスが感染した細胞は，細胞表面に特有の変化が出現するが，NK細胞はその変化を認識して活性化し，**パーフォリン**[*3]や**グランザイム**[*4]といった細胞傷害因子を分泌することによって標的細胞を破壊する．NK細胞はがん細胞の除去にも関与することが知られている．

＊3 パーフォリン
　標的細胞の細胞膜で重合し孔を形成する．
＊4 グランザイム
　タンパク質分解酵素で，パーフォリンが形成した孔から細胞内に進入し細胞死を誘導する．

5 獲得免疫 (図8)

　体内に侵入した異物は，自然免疫によって非特異的に排除されるが，その段階をすり抜けて侵入した異物に対しては，白血球の一種であるリンパ球の**T細胞**と**B細胞**が働く．T細胞とB細胞の活性化によって特異的に異物を排除するしくみを**獲得免疫**（**適応免疫**）とよぶ．

　獲得免疫の発動には，樹状細胞がかかわる（**2**参照）．樹状細胞は異物（**抗原**）をとり込んで分解し，分解物の一部を自身の細胞表面に提示する．抗原は獲得免疫の発動と，リンパ球の増殖・分化・活性化の引き金となる．異物を貪食した樹状細胞は，リンパ節に移動し，T細胞に抗原を提示する．この際に提示するT細胞にはヘルパーT細胞およびキラーT細胞の前駆細胞がある．

　獲得免疫は**細胞性免疫**と**体液性免疫**に分けられるが，それぞれ独立したしくみではなく，両者の機構は互いに連携し合っている．以下にそれぞれの詳細を述べる．

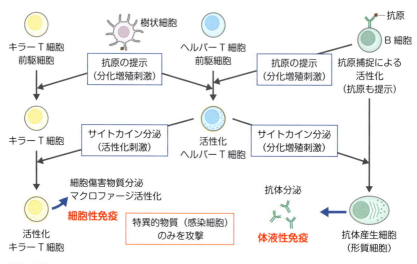

図8 獲得免疫の概要

a 細胞性免疫

　細胞性免疫は，ウイルス感染細胞やがん細胞，移植組織など「異常な細胞」を直接攻撃する，いわば接近戦である．この反応には，主に**キラーT細胞**と**ヘルパーT細胞**が関与する．

　リンパ節において，樹状細胞による抗原の提示でヘルパーT細胞とキラーT細胞が分化・増殖する．分化したヘルパーT細胞は種々のサイトカインを分泌し，キラーT細胞やマクロファージを活性化する．キラーT細胞はリンパ節を出て，感染細胞など標的細胞表面に提示された抗原を認識して結合する．そしてパーフォリンという細胞傷害性分子を分泌し，標的細胞の**細胞死**（アポトーシス）を誘導する．死滅した細胞は，活性化したマクロファージによって貪食・除去される．増殖したキラーT細胞やヘルパーT細胞の一部は記憶細胞となり，体内に維持される．

b 体液性免疫

　体液性免疫は，B細胞とヘルパーT細胞が主体となる．細胞性免疫が直接の接近戦であるのに対し，こちらはレーダー付ミサイルによる遠隔攻撃のようなしくみといえる．抗原を捕捉したB細胞はヘルパーT細胞に活性化されて，**抗体産生細胞**（形質細胞）になり**抗体**を産生する．抗体は抗原特異的に結合し，異物の排除を促進する．

　リンパ節において，樹状細胞がヘルパーT細胞前駆細胞に抗原を提示する．また，抗原を捕捉したB細胞も抗原を提示する．その結果，ヘルパーT細胞が分化・増殖する．分化したヘルパーT細胞は種々のサイトカインを分泌する．そしてB細胞を活性化する．活性化されたB細胞は抗体産生細胞（形質細胞）に分化し，大量の抗体を産生し，抗体を分泌する．抗体は抗原と特異的に結合する（抗原抗体反応）．抗体・抗原複合体は，マクロファージに認識されやすくなり排除が促進される．増殖したヘルパーT細胞やB細胞の一部は記憶細胞となり，体内に維持される．

6 抗原抗体反応

a 抗原と抗原提示

　抗原とは，免疫系の細胞に認識される生物，分子，または分子の一部分を指す．タンパク質，炭水化物，脂質などあらゆる分子が抗原となる．抗原はT細胞やB細胞の特異的な受容体（T細胞受容体，B細胞受容体）と結合して認識され，貪食によって細胞内にとり込まれた後，一部が抗原として提示される．

それぞれの受容体は，数千万種の抗原に対応できるしくみを備えている．特異的な異物を抗原として認識した細胞は，分化・増殖し，抗原やそれを含む細胞・細菌を排除しようとする．

b 抗体 (図9)

B細胞は活性化されると，抗体産生細胞（形質細胞）になり，**抗体**を合成・分泌する．抗体は**免疫グロブリン**というY字型タンパク質であり，H鎖とL鎖それぞれ2本ずつで構成されている．H鎖とL鎖の先端部を可変領域，それ以外の部分を定常領域という．可変領域は特定の抗原と結合する部位としてきわめて高い多様性をもち，25,000種以上の抗原と特異的に結合する抗体となる．

免疫グロブリンは，構造の違いによりIgG，IgA，IgM，IgD，IgEの5種類に分類される．それぞれの免疫グロブリンは大きさや生理活性が異なる．例えば，IgEは肥満細胞に結合してアレルギー反応を引き起こす（**8**参照）．また，IgGは血中免疫グロブリンの約80％を占め，粘膜分泌型のIgAは体外にも分泌される．IgG，IgD，およびIgEは1個の基本構造体（単量体）からなるが，IgAは基本構造が2つ結合した二量体，IgMは五量体となる．また，免疫グロブリンの単量体はB細胞表面にも発現し，B細胞受容体（B細胞の抗原認識部位）として機能する（図8参照）．

7 サイトカイン (表1)

サイトカインは<u>細胞から分泌される低分子のタンパク質</u>で，インターロイキン（IL），インターフェロン（IFN），ケモカイン，細胞増殖因子（GF），腫瘍壊死因子（TNF），形質転換成長因子（TGF-β），コロニー刺激因子（CSF）などに分類される．これらは細胞間の情報伝達の役割を担っており，細胞表面に

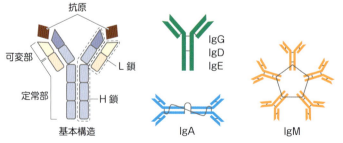

図9 免疫グロブリン（抗体）の構造
IgAは二量体，IgMは五量体となっている．

表1　主なサイトカインとその作用

サイトカイン	主な生産細胞	主な作用細胞	主な作用
インターロイキン (IL)	白血球など	白血球など	免疫応答の活性化と制御
インターフェロン (IFN)	白血球，線維芽細胞	すべての体細胞	抗ウイルス状態の誘導作用，細胞性免疫の活性化
ケモカイン	マクロファージ，内皮細胞，T細胞，線維芽細胞	白血球	細胞の遊走と組織への動員
細胞増殖因子 (GF)	線維芽細胞，内皮細胞，白血球など	それぞれの標的細胞	表皮増殖因子，インスリン様増殖因子，血小板由来増殖因子，線維芽細胞増殖因子，肝細胞増殖因子，神経成長因子など，各種細胞の増殖を刺激する
腫瘍壊死因子 (TNF)	マクロファージ，T細胞	白血球，血管内皮	細胞死の誘発，炎症誘発，発熱
形質転換成長因子 (TGF-β)	T細胞，マクロファージ	リンパ球，マクロファージ	免疫応答の制御，細胞増殖など多様
コロニー刺激因子 (CSF)	白血球，線維芽細胞，内皮細胞	造血幹細胞	造血幹細胞の分化と増殖

「カラーイラストで学ぶ生理学 第3版」（岡田隆夫／編），メジカルビュー社，2022を参考に作成.

存在する特異的受容体を介して細胞内へ情報を伝達する．

　異物を認識した免疫細胞はさまざまなサイトカインを放出し，それによって多様な免疫応答が誘発される．免疫反応におけるサイトカインの主な機能として，「損傷した組織などへの免疫細胞の誘導」，「T細胞およびB細胞の分化誘導」，「獲得免疫系および自然免疫系の活性化による，がんや病原体の排除」などが知られている．

8 アレルギー

　通常の免疫反応は生体から異物を除去し防御する．しかし，免疫反応が特定の抗原に対して過剰に起こったり，不適切な反応が誘導されたりすると，生体に悪影響を与えることがある．このような反応を**アレルギー**といい，アレルギーの原因となる抗原を**アレルゲン**とよぶ．例えば花粉症やじんましん（蕁麻疹）は，花粉やダニなどの物質がアレルゲンとなり，抗原抗体反応が起こることによって，粘膜の炎症やくしゃみ，発赤などの症状が現れる．

　アレルギー反応には大きく4つのパターン（Ⅰ〜Ⅳ型）があるが，ここでは最もよくみられるⅠ型アレルギーについて説明する．それ以外のアレルギー反応は免疫学で学習してほしい．

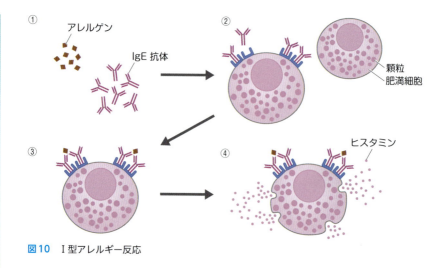

図10　I型アレルギー反応

　I型アレルギー（図10）には，①食物アレルギーや花粉症などがありIgE抗体が関与している．②最初のアレルゲン曝露によってつくられたIgE抗体が肥満細胞（マスト細胞）*5上の受容体に結合し，細胞をスタンバイ状態にする．③再び同一のアレルゲンが体内に入ると早い時間（数分〜1時間）で反応が起こり，肥満細胞上のIgE抗体によって抗原が認識される．④肥満細胞はすみやかに活性化して，血管作動性物質（ヒスタミンなど）やサイトカインを分泌し，前述のアレルギー症状が現れる．血管作動性物質の作用が全身に生じた場合，急激に血圧が低下してショック状態となり，死に至ることもある（**アナフィラキシー反応**とよぶ）．

*5　肥満細胞（マスト細胞）
　内部に顆粒を多くもった大きな細胞であることから肥満細胞とよばれる．血液幹細胞由来の免疫細胞であり，さまざまな組織に分布している．

9　ワクチン

　病原性（毒性）を完全になくしたり弱めたりした病原体の一部や抗原となるタンパク質，タンパク質の元となる核酸を接種することで，獲得免疫システムが活性化され，次の病原体の侵入に備え，重篤な感染症を予防するものをワクチンという（表2）．接種後に病原体が侵入しても，活性化された免疫システムによって，すみやかに病原体を攻撃し，排除することができる．新型コロナウイルスではmRNAワクチンが多用された．mRNAワクチンは，抗原タンパク

表2 ワクチンの種類

種類 (例)	主成分
	特徴
生ワクチン (麻疹，BCG)	弱毒化させた病原体
	免疫が比較的長く持続する 危険性が高く感染症には不向き
不活化ワクチン (4種混合，インフルエンザ)	感染能力を不活化させた病原体
	複数投与しないと効果が少ない 生ワクチンより安全性が高い
組換えタンパクワクチン (B型肝炎)	遺伝子組換えで作成した病原体タンパク質の一部
	複数投与しないと効果が少ない．合成に時間がかかる．アジュバント（効果補強剤）が必要
mRNAワクチン (新型コロナウイルス)	抗原タンパク質の一部の元となるmRNA
	迅速・大量に作成可能．変異にもすぐ対応できる．分解されやすく保存条件が厳しい
DNAワクチン (新型コロナウイルス)	抗原タンパク質の一部の元となるDNA
	ウイルスベクターワクチンより核への輸送効果が劣る
ウイルスベクターワクチン (新型コロナウイルス)	無害なウイルスに抗原DNAを組み込んだもの
	ウイルスに対する抗体ができるので，複数回投与が難しい

質の元となるmRNAを接種して，体内の細胞でタンパク質を合成させる新しいしくみのワクチンである．従来のタンパク質ワクチンは，製造に時間がかかることや，ウイルスの変異に迅速に対応できないなどの問題がある．これに対して，mRNAは，合成がすみやかかつ大量生産が可能であり，変異にも迅速に対応することができる．しかしその一方で，mRNAは分解されやすいため保存が難しいという欠点がある．

生体が異物を排除するしくみ

　異物の侵入を防ぎ，排除するためのしくみには数段階あることを学習した．「異物」とは体外の物質だけでなく，細胞の内容物など通常は血中や間質中に存在しない物質も含まれる．「免疫」という用語は以前は獲得免疫のことのみを指していたが，現在は異物排除システム全体を指すようになったことにも注意してほしい．

14章 情報の伝達

細胞外の情報はどうやって細胞内に伝わるの？

　私たちの細胞はどのようにして外界の情報を感知し，機能を発現しているのでしょうか．また，細胞がどのような機構で，時には細胞内外の物質の濃度差に逆らって輸送しているのでしょうか．さらに，細胞同士がどのようにコミュニケーションをとっているのでしょうか．ホルモン，受容体，神経伝達など聞いたことがあると思います．また13章ではサイトカインという物質も出てきました．本章ではこれらのシグナル分子やシグナル伝達の機構について学習します．

1 シグナル伝達

　生物は外部環境の変化を感知して，さまざまに応答している．外部環境を受容し，適応していくのは，生物が生き続けるために必須の活動である．単細胞生物は周囲の温度や栄養状況などを感知しながら生息しているが，多細胞生物ではこれらに加えて，個体としての反応や体内環境維持のために細胞と細胞の間で情報をやりとりする必要がある．体内環境の恒常性維持から行動の決定まで，多細胞生物のすべての活動は，構成する細胞間で情報がやりとりされた結果として生じる．こうした細胞間のやりとりを**シグナル伝達**という．なお，細胞内部においても細胞小器官や分子間においてシグナルの授受が行われており，これを細胞内シグナル伝達とよぶ．

　細胞が受容するシグナルは実体としてそのまま伝えられるのではなく，その受容から応答に至る過程でさまざまな形に変換されて受け渡され，最終的な応答を導く（①受容→②変換→③応答，図1）．

　細胞外から情報を伝達する分子をシグナル伝達物質とよぶ．シグナル伝達物質は，細胞膜上で受容される**水溶性シグナル分子**と，細胞膜を通過して直接細胞内へ移行する**脂溶性シグナル分子**に分類される（図2）．水溶性シグナル分子は，細胞膜を通過することができず，細胞膜上にある特異的な**受容体**（後述

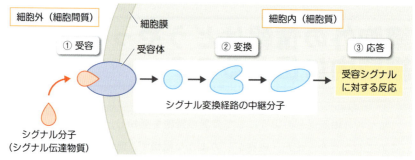

図1 細胞内シグナル伝達

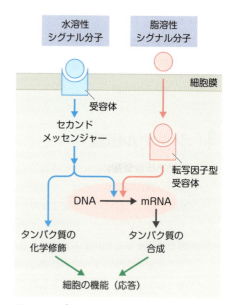

図2 さまざまなシグナル伝達様式

に結合する．この結合によって受容体は機能的に変化（活性化）し，細胞内の分子に対して化学修飾（リン酸化など）を行うことによって情報が伝達される．成長因子（増殖因子）などの水溶性タンパク質，ペプチド・タンパク質ホルモン，神経伝達物質などがこれに属する．一方，脂溶性シグナル分子は細胞膜を通過して細胞内に存在する受容体に結合する．脂溶性ビタミン（ビタミンAやD），副腎皮質ホルモン，性ホルモンや甲状腺ホルモンなどがこれに該当する．細胞内で受容体と結合したシグナル分子はDNAに結合して転写を促進（あるいは抑制）し，その結果つくり出されるタンパク質が細胞に応答をもたらす．

細胞膜を通過するか否か以外に，シグナル伝達様式には種々の分類がある（図2）．これらについては後の項目で解説する．

2 受容体と受容器

a 受容体

　細胞外から届くシグナル伝達物質のうち，水溶性で細胞膜を通過できない分子は，細胞膜の特定のタンパク質と結合することでその情報が内部に伝達される．一方，細胞膜を通過するシグナル伝達物質の場合は，細胞内で特定のタンパク質と結合する．このように細胞内外でシグナル伝達物質と結合・活性化するタンパク質を**受容体**という．また，特異的に受容体タンパク質に結合して，機能的な変化を誘導する物質を**リガンド**とよぶ．受容体にはイオンチャネル共役型，酵素共役型，Gタンパク質共役型，細胞内型（転写因子型）などがある（図3）．

1) イオンチャネル共役型受容体

　膜で隔てられた空間の間のイオンの移動を調節しているタンパク質をチャネルとよぶ（4章参照）．それらのうち，シグナル伝達物質（リガンド）に依存してチャネルが開閉するものをイオンチャネル共役型受容体（リガンド依存性チャネル）という．リガンドが結合してチャネルが開くと，細胞内のイオン濃度が変化することでシグナルとして伝達される．ニコチン性アセチルコリン受容体，NMDA型グルタミン酸受容体，ATP受容体などが例としてあげられる．

2) 酵素共役型受容体

　膜貫通領域を1つもち，細胞内領域に酵素としての活性をもっている場合と，細胞内酵素と結合する場合がある．前者はリガンドが結合すると，受容体の細胞内領域に存在する酵素によって，受容体タンパク質の中で標的となるアミノ酸（チロシンやセリンなど）がリン酸化され受容体が活性化される．後者は，リガンドの結合によって細胞内のリン酸化酵素と結合し，標的となるアミノ酸のリン酸化により受容体が活性化される．酵素にはチロシンキナーゼ，セリン・スレオニンキナーゼなどがある．受容体の活性化によって細胞内ではAKTキナーゼ系やMAPキナーゼ系とよばれるシグナルタンパク質が次々とリン酸化され，さまざまな細胞内シグナル経路が活性化する．

> **memo** 酵素のリン酸化について：9章で学習したように，細胞内には多くのタンパク質が**酵素**として存在している．多くの酵素では活性化のためにはアミノ酸の一部にリン酸基が結合することが必要になる．受容体から生じたシグナルの多くは細胞内の酵素をリン酸化により活性化させるように働いている．

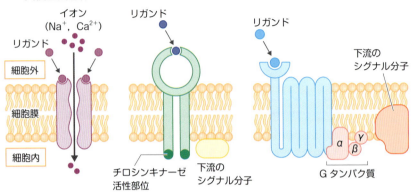

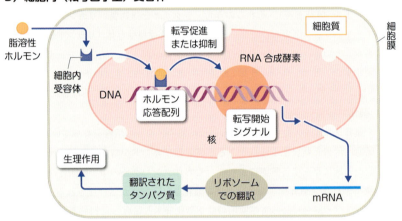

図3 受容体の種類

3) Gタンパク質共役型受容体（GPCR）

　ヒト受容体において最も多くの種類が存在し，機能も多様である．神経伝達物質，ホルモンなど多様なシグナル伝達物質を受容している．この受容体は細胞膜を7回貫通する領域をもち，細胞質側でGタンパク質（GTP結合タンパク質）と結合している．代表的なものとしてアドレナリン受容体やムスカリン性アセチルコリン受容体があげられる．

4）細胞内（転写因子型）受容体

細胞質内や核内に局在するため，**核内受容体**ともよばれる．細胞膜を通過する脂溶性シグナル分子と結合し，核内で転写因子として働く．このためDNAに結合するための特徴的な構造を有している．糖質コルチコイド受容体が代表例である．

b 受容器（感覚器）

私たちは外界からの物理的刺激（光，音，触覚など）や化学的刺激（匂いや味）を目，耳，皮膚，鼻そして舌などの器官で受容している．外部刺激を受容するためには，特殊な構造が必要となり，この構造を**受容器**という．受容器には多くの種類があり，それぞれ受容する刺激が決まっている．受容器が受容可能な特有の刺激を**適刺激**という．

受容器の中の**感覚細胞**が適刺激を受けると，感覚神経を介して情報が脳に伝えられ，脳で刺激の種類に応じた感覚が生じる．例えば目は光の受容器として視覚を生じ，耳は音波に対する受容器として聴覚を生じる．また，皮膚では触覚や痛覚，温・冷感，かゆみなどを生じる．これら物理的刺激に対する感覚に加え，化学物質に対する受容器もあり，鼻は嗅覚器官，舌は味覚器官としてそれぞれ化学物質を受容している（**表1**）．

受容器で受容した情報は，電気信号に変換され，神経系を介して脳に伝わり，知覚として認識され，また必要に応じて筋肉などの作動体（効果器）に伝わって体の反応を導く（**図4**）．中枢神経系が情報処理の中枢として働いている．

表1　ヒトの受容器と感覚

適刺激	受容器		感覚
光	眼	網膜	視覚
音波（空気の振動）	耳	コルチ器	聴覚
体の傾き		前庭	平衡覚
体の回転		半規管	
気体中の化学物質	鼻	嗅上皮	嗅覚
液体中の化学物質	舌	味覚芽	味覚
接触など	皮膚	圧点・触点	圧覚・触覚
強い圧力・熱など		痛点	痛覚
高い温度		温点	温覚
低い温度		冷点	冷覚

「高等学校 生物」（令和5年度用），啓林館より引用．

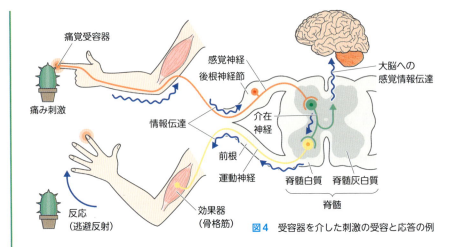

図4 受容器を介した刺激の受容と応答の例

3 細胞膜を介する物質輸送

1章で学習したように，細胞膜は脂質の二重層からなるため，コレステロールや脂肪など脂溶性の物質や酸素・二酸化炭素などのガスは容易に通過することができる．一方，電解質，タンパク質など水溶性の物質は通過することができない．そのため特殊な「ゲート」構造が必要になる．多くの場合，細胞膜に局在するタンパク質がその役割を担っている．通過する物質や通過のしかたにより（イオン）**チャネル**，**能動輸送体**，**受動輸送体**に分かれる．

a チャネル（イオンチャネル）

4章でも述べたとおり，チャネルは生体膜に存在して特定のイオンの**受動輸送**を行うタンパク質である．イオンを濃度勾配（膜内外の濃度差）に従って透過させることで，細胞の膜電位を変化させるほか，細胞内のシグナル伝達分子となるCa^{2+}の流入にかかわる．

イオンチャネルは，外部からのシグナルによって開閉が調節されている．チャネル開閉を制御する主なシグナルとして，化学物質の結合（**リガンド依存性チャネル**），膜電位の変化（**電位依存性チャネル**），圧力の変化（**機械刺激依存性チャネル**），温度の変化（**温度感受性チャネル**）などがある．

1）リガンド依存性チャネル

前述したように**イオンチャネル共役型受容体**ともよばれ，特異的なリガンドが結合することでタンパク質の立体構造が変化し，イオンがチャネルの開口部を通過する．このタイプのチャネルは，神経の興奮伝達に重要な働きをもつAMPA型ルタミン酸受容体やニコチン性アセチルコリン受容体などがあげられる．

14章

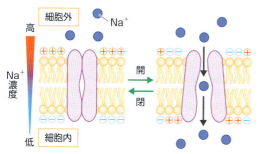
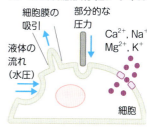

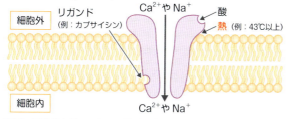

図5 電位依存性チャネルと機械刺激依存性チャネルおよび温度感受性チャネル
チャネルはリガンド結合以外にもさまざまな外部シグナルによって活性化される．A) 細胞膜が脱分極することによって開口し，細胞内へイオンを通過させる（例はナトリウムチャネル）．B) 細胞への機械的刺激によって開口し，電解質を細胞内へ通過させる．C) 熱や刺激物質によって開口し，電解質を細胞内へ通過させる．

2) 電位依存性チャネル（図5A）

活動電位発生において主要な役割を果たしており，電位依存性ナトリウムチャネル，電位依存性カリウムチャネルおよび電位依存性カルシウムチャネルなどがある．いずれのチャネルも膜電位の脱分極に応答して開口する．

3) 機械刺激依存性チャネル（図5B）

内耳の有毛細胞に分布し，有毛細胞の先端部にある感覚毛の屈曲に反応して開口する．内リンパ液中のK^+の流入をもたらして電気的な興奮を誘導する．

4) 温度感受性チャネル（図5C）

TRPチャネルとよばれ，末梢感覚神経や上皮に分布し，環境温度を感知して開口し，Ca^{2+}などの陽イオンを通過させる．種類により，低温で開口するものから高温で開口するものまである．また温度ばかりではなく，冷感を生じる物質（メントール）や熱感を生じる物質（カプサイシン）などによる刺激でも開口する．

b 能動輸送（図6）

濃度勾配に逆らって，特定の物質を移動させるような輸送形式を能動輸送と

よぶ．これには細胞膜を貫通する輸送タンパク質（ポンプ）が関与しており，ポンプはATPなどのエネルギーを用いて，物質を低濃度の溶液から高濃度の溶液へ移動させている．

能動輸送には，ATPの代謝エネルギーを直接用いる**一次性能動輸送**と，一次性能動輸送により生じるイオンの電気化学的勾配を利用する**二次性能動輸送**がある．

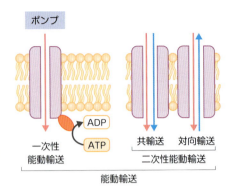

図6　能動輸送

1) 一次性能動輸送

ATPのエネルギーを直接利用して輸送を行う能動輸送体である．例としてNa$^+$/K$^+$ポンプやH$^+$/K$^+$ポンプなどのイオン輸送体があげられる．Na$^+$/K$^+$ポンプは，**ATPアーゼ**（ATP分解酵素）として細胞内のATPを加水分解するとともに細胞内のNa$^+$を汲み出し，細胞外のK$^+$をとり込む．

2) 二次性能動輸送

二次性能動輸送は一次性能動輸送により生じたイオンなどの濃度勾配を利用して別の物質を輸送するシステムである．糖やアミノ酸などの低分子化合物を輸送するために用いられる．輸送形態としては，共役物質と同じ方向に輸送する**共輸送**および共役物質とは逆方向へ輸送する**対向輸送**（**交換輸送**）がある．例えばナトリウム・グルコース共役輸送体（SGLT）では，まずNa$^+$/K$^+$ポンプによりNa$^+$が能動輸送（ATPを使用）によって細胞外に輸送される．輸送によって生じた濃度勾配に従い，細胞内にNa$^+$をとり込む際の共輸送によって細胞外からグルコースのとり込みを行う．また対向輸送の例としては，Na$^+$の濃度勾配を利用して細胞内のH$^+$と細胞外のNa$^+$を1：1で交換するNa$^+$/H$^+$交換輸送体（NHE）などが知られている．

c 受動輸送 （図7）

生体膜の両側で物質の濃度差がある場合，その濃度勾配に従って物質が移動することを受動輸送という．濃度勾配に逆らわないためエネルギーを必要としない．しかし，細胞内外の濃度差が大きい場合，効率的に物質を輸送するシステムが必要となる．受動輸送には，輸送体タンパク質が関与する**促進拡散**と，これらが関与しない**単純拡散**（受動拡散）がある．

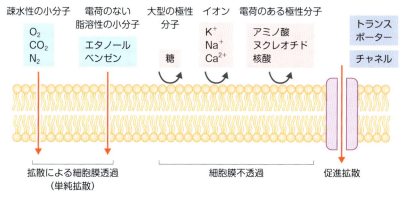

図7 受動輸送

1）単純拡散（受動拡散）

　イオンチャネルやトランスポーターなどの輸送体タンパク質が関与しない拡散である．この場合の輸送速度は，生体膜の両側の輸送物質の濃度差と生体膜への親和性に依存する．細胞膜は脂質二重層を形成しているため，親油性の物質は透過しやすいが，親水性が高い物質ほど透過しにくくなる．透過しやすい物質としては，酸素，二酸化炭素，窒素などのガス，ビタミンAなどの脂溶性ビタミン，コレステロールや脂肪などがあげられる．

2）促進拡散

　輸送体（トランスポーター，輸送担体ともよばれる）を介して輸送されるが，濃度勾配には逆らわないためエネルギーを必要としない．しかし輸送速度は物質の濃度差に比例せず，より効率的に輸送する点が単純拡散と異なっている．促進拡散輸送の担体として，グルコーストランスポーター（GLUT）が知られている．

4　主なシグナル伝達物質の種類と性質

　細胞からはさまざまな**シグナル伝達物質（シグナル分子）**が分泌される．これらのシグナル伝達物質の多くはそれ自体が生理活性をもつのではなく，受容体に結合して作用を発揮する．生理活性物質とよばれることもあるが，実際に生理活性をもっているのは消化酵素やレニン（アンジオテンシノーゲンの変換酵素）など一部である．細胞から分泌された物質は一部は導管から体外に分泌される．この分泌形式を**外分泌**とよぶ．体内に分泌された場合は**内分泌，傍分泌，自己分泌**に分けられる（図8）．

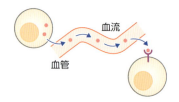
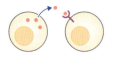

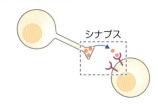

図8　シグナル分子の作用様式

a 内分泌とホルモン

　細胞から分泌されたシグナル分子が血液中に入り，分泌細胞から離れた標的細胞に作用するようなシグナル伝達様式を**内分泌**（エンドクリン）とよび，伝達に用いられる生理活性物質を**ホルモン**とよぶ．

　身体の諸器官のうちホルモン分泌を主な機能とする器官を内分泌腺（器官）とよぶ（図9）．代表的な内分泌器官には視床下部，下垂体，甲状腺，副甲状腺，膵島（膵臓ランゲルハンス島），副腎，精巣・卵巣などがある．これら以外にも多くの器官からホルモンが分泌される．特に腸管はガストリン，セクレチン，コレシストキニン（CCK）など多くのホルモンを分泌する．また，脂肪細胞もレプチンやアディポネクチンなどのホルモンを分泌する．

　ホルモンは化学構造からペプチド・タンパク質ホルモン，ステロイドホルモン，アミノ酸誘導体ホルモンに分類される．水溶性のペプチド・タンパク質ホルモンはDNAから転写，翻訳を経て産生される．脂溶性のステロイドホルモンはコレステロールまたはコレステロール前駆体から産生される．アミノ酸誘導体ホルモンは大きく2種類に分けられ，特定のアミノ酸から酵素修飾を経て生成されるもの（モノアミン）とタンパク質の分解により生成されるもの（甲状腺ホルモン）がある．前者は水溶性で後者は脂溶性である．

　多くのホルモンはさらに上位の放出刺激，または抑制ホルモンによる分泌調節を受けている．一方，下位のホルモンは上位のホルモンの分泌を調節する．この調節系を**フィードバック調節系**とよぶ．

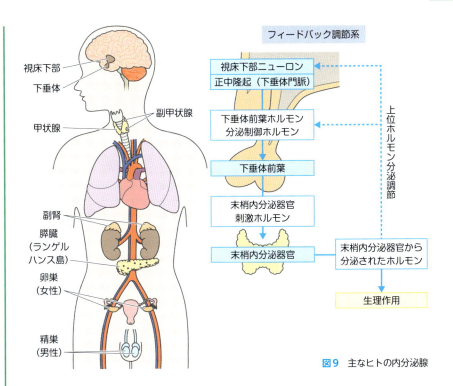

図9 主なヒトの内分泌腺

b 傍分泌と自己分泌

　隣接する細胞間での局所的なシグナル伝達では，短距離を移動するシグナル伝達物質が分泌される．この場合，1つの分泌細胞から分泌された伝達物質を近傍の複数の細胞が受容して同時に応答することが可能となる．これを**傍分泌（パラクリン）**によるシグナル伝達という．また，分泌された伝達物質が分泌細胞自身に作用することもあり，これを**自己分泌（オートクリン）**とよぶ．いずれの場合にも，特定の受容体に結合したシグナル分子は下流のシグナル伝達経路を活性化し，タンパク質のリン酸化や遺伝子の転写を調節することで最終的な応答を誘導する．

c 神経伝達

　神経細胞では，細胞体からの情報は軸索を伝導する電気信号（**活動電位**）として軸索末端に伝えられるため，内分泌型のシグナル伝達に比べ伝達速度が速い．電気信号によって末端に到達したシグナルは，**シナプス**とよばれる構造を介して次の細胞へと伝わる．シナプスには**化学シナプス**と**電気シナプス**がある．

1）化学シナプスと神経伝達物質（図10）

化学シナプスでは活動電位が軸索を伝わり神経末端のシナプス前膜に到達した際，電気信号が化学信号へと変換され，シナプスを介して受容細胞に伝わる．化学シナプスでは約20〜30 nmのシナプス間隙を介してシグナル伝達（**シナプス伝達**）が行われる．活動電位が到達した軸索末端のシナプス前膜ではシナプス小胞から種々のシグナル分子（**神経伝達物質**）が放出さ

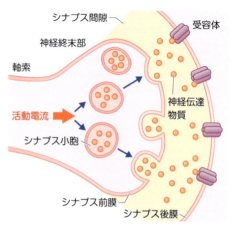

図10　化学シナプス（シナプス伝達）

れ，受容細胞のシナプス後膜の受容体に結合する．神経伝達物質にはアミノ酸の誘導体，ペプチドから窒素などのガスメディエーターまでさまざまなものがある．神経伝達物質の受容体は，イオンチャネル共役型と，Gタンパク質共役型受容体などの代謝型がある．イオンチャネル共役型ではリガンド結合によりチャネルが開閉し，イオンの流れを通じて細胞膜の電位を変化させる．代謝型受容体ではリガンドの結合により細胞内の情報伝達系が活性化され，タンパク質のリン酸化などを介して細胞の性質や状態が変化する．シナプスの活性化により生じた細胞内のイオン濃度上昇は膜電位をプラス方向へ押し上げる（**脱分極**）．脱分極がある一定の電圧までくると，受容体だけではなく電位依存性チャネルも開放し，Na^+やCa^{2+}が細胞質に流入する．それによって新たな**活動電位**が生じ，軸索を介して次の細胞に伝わっていく．

2）電気シナプス（図11）

接着している細胞間には，細胞間質を経由せず直接伝達する経路がある．これがギャップ結合（ギャップジャンクション）を介した細胞接触型の伝達経路で，神経細胞では**電気シナプス**とよばれる．ギャップ結合はコネキシンタンパク質からなり，コネクソンという小孔構造を形成している．コネクソンは隣接するコネクソンと結合し，細胞間を連結する通路を形成する．この小孔を通じて電荷を有する無機イオン，cAMP，アミノ酸や単糖類など細胞内の低分子化合物が他方の細胞へ伝達される．また，膜電位の変化も直接伝達される．

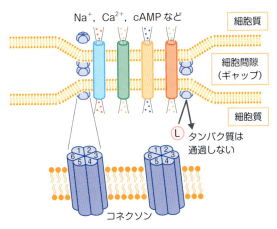

図11　電気シナプス（ギャップ結合）

　例えば心筋組織では細胞間はギャップ結合でつながっているため，活動電位がこれを通ってすみやかに全体に広がり，細胞群全体がほぼ同期して興奮することを可能にしている．中枢神経系においても，海馬や視床など特定の領域でギャップ結合を介した興奮伝達がみられる．直接の接触による伝達のため，電気シナプスは，化学シナプスよりも情報伝達スピードが圧倒的に速い．また，多くの場合，信号は双方向性に伝達される．

d　サイトカイン

　13章も参照されたい．サイトカインは細胞で産生され，近傍の細胞に傍分泌経路で作用する生理活性ペプチド・タンパク質である．ホルモンと比べ，短時間にごく微量が分泌され，近傍の細胞に作用した後，すみやかに非活性化される．サイトカインのうち，白血球で合成されるか，もしくは白血球に作用する物質をインターロイキン（IL）とよぶ．また，ウイルス増殖の抵抗因子として発見されたのがインターフェロン（IFN）である．それ以外に，造血幹細胞に作用するコロニー刺激因子（CSF），細胞の増殖を刺激する細胞増殖因子（GF），腫瘍壊死因子（TNF），線維芽細胞の形質転換成長因子（TGF-β），細胞の遊走を促進するケモカインなどがある．サイトカインの一部は脂肪細胞からも分泌され，アディポカインとよばれる．受容体も多様で，I型，II型，III型，チロシンキナーゼ型，セリン・スレオニン型，Gタンパク質共役型（ケモカイン受容体），免疫グロブリンスーパーファミリーに大別される．

細胞内外のコミュニケーションに不可欠

　細胞は細胞膜を介して外界の情報を受容している．しかし細胞膜の基本構造は脂質であるため脂溶性物質以外の情報は細胞内に伝わらない．そこで受容体やトランスポーターなどの膜タンパク質が存在し，ホルモンなどによる細胞外からの情報を伝えたり，細胞内外の物質交換を行っている．細胞が正常に機能するためには，これらの膜タンパク質が不可欠である．

15章 ヒトの進化

サルは何世代も経るとヒトになる？

今までも「進化」という用語が出てきましたが，進化についてまとめて考えたことはありませんでした．本章では，まず進化について基本的な考え方を学び，次にヒトの進化について，ヒトが進化の過程で獲得した特徴的な形質について考えます．

1 進化の定義と進化論

a 進化の定義

現在，「進化」という言葉はさまざまな場面で多様な意味で使われている．したがって生物学における進化の定義をしっかりと理解しておくことはたいへん重要である．生物学において一般的に「進化（正確には「生物進化」）」とは，生物の形質が世代を超えて変化していく現象のことである．数十億年前に地球に誕生した生命体が，変化し続ける環境において生存・繁殖に有利な変化をくり返した歴史ともいえる．この考えは後述するDarwin（ダーウィン）の進化論における遺伝的な突然変異と自然選択（後述）を基本とした「変異的進化」の理論に基づいている．この理論によると，各世代ごとに膨大な変異が生じるが，環境に最も適合した変異をもつ個体が次世代へ生存する最も高い確率をもち，進化が継続することになる．

b Darwinの進化論

Charles Darwin（チャールズ・ダーウィン）が提唱した進化論は，はじめて科学的に唱えられた進化の概念で，1859年に著書「種の起源」で発表された（図1）．このなかでは，進化の基盤となる5つの理論が提唱された．

① 生物は時間に沿って常に進化する．
② 異なる生物種が共通の祖先に由来する（共通の由来説）．
③ 種は時間とともに増加する（種の増加説）．
④ 進化は個体群の漸次的変化により生じる（漸次的変化説）．

⑤ 進化の機構は限られた資源をめぐる, 個性をもった膨大な数の個体間の競争であり, それは生存と生殖の差をもたらす（自然選択説）.

この時期には, メンデルの遺伝学を含む遺伝の概念がまだ一般的ではなく, 遺伝子の本体も明らかではなかったので, Darwin は形質がどのようにして子孫に伝わるのかを解明することはできなかった. しかし, これらは現在でも進化を考えるうえでの重要な基本概念である.

図1　Charles Darwin の著「種の起源」

2　自然選択

a　自然選択とは

前述したように, 同一の種内であっても, 個体のそれぞれに突然変異や遺伝子組換えなどによって生じた遺伝的な変異が存在する. 変異の結果, 環境に最も適合した表現型をもつ個体ほど生存率が高く, それに伴って繁殖の可能性も高まるため, 自分と同じ表現型をもつ子を残す確率が高くなる. これを**自然選択**（自然淘汰）という. 自然選択は, 個体が生息する環境の温度, 湿度, あるいは競争や捕食者の存在, 共生関係や病気などの環境要因において, 適した個体をふるい分けるように作用する.

b　適応と適応度

進化と同様に「適応」という言葉もさまざまな場面で用いられている. 一般的にはヒトを含め,「ある生物個体が環境に適合する（している）」ことであるが, 進化の分野での意味は少し異なっている. 進化の分野では, 変異の結果, 環境に適合し, 繁殖して子孫を残すことができる表現型を獲得することが**適応**で, この生物個体から生じた子のうち, 生殖年齢まで生き残った子の数を**適応度**という. 言い換えれば繁殖可能な年齢まで生存する子をより多く残す個体ほど, 環境に適応している（**適応的**である）ことになる. 自然選択が進化に方向性をもたらし, 生物集団として, 環境へ適応した形質の集団へ進化することを**適応進化**という.

c　自然選択の方向

自然選択の方向には, **安定化選択**, **方向性選択**, **分断的選択**の3つがある（**図2**）.

1）安定化選択

平均的な個体が生存に有利である場合, 集団の平均的な特徴が保存されて, バラツキが減少すること. 具体的には気候や食物など環境の変化がない場合, 個体の大きさ, 寒冷耐性, 寿命など表現型がほぼ一定の範囲内となるように自

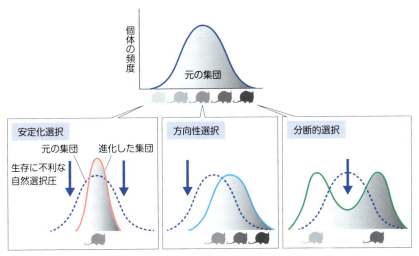

図2 量的変異における自然選択の3つのパターン
毛の色が異なるマウスの仮想的集団を用いたモデル図．元の集団に生存に不利な自然選択圧↓がかかり，集団として体毛の色が変化したことを示す．
「学んでみると生態学はおもしろい」（伊勢武史／著），ベレ出版，2013を参考に作成．

然選択が作用すること．

2) 方向性選択

環境の変化などにより，集団の平均から特定の方向へ少しずれた個体が有利になった場合，集団の平均もその方向へずれること．方向性選択によって，集団の量的な形質が変化し，その後，安定化選択が働いて，元の平均とは異なるところで安定する．

3) 分断的選択

環境が変化して，集団の平均から別々の方向へずれている個体がそれぞれ生存に有利であった場合，集団の形質は二方向へ分かれていく．具体的にはガラパゴス島のイグアナの生息地が変化したことにより，ウミイグアナとリクイグアナに分かれた例などがある．分断的選択が働いて分かれた集団が，自由に交配を行わない状況になると，種分化が起こる（8章参照）．

d 利他的行動

利他的行動とは，それを行う個体の生存・繁殖上の利益を低下させる（自身を犠牲にする）ことによって，他の個体の利益を高めるように行動することである．最も典型的な例はハタラキバチやハタラキアリなど生殖能力を失った個体が集団のなかで巣の維持，食糧確保，幼虫の世話などを行っていることである．繁殖能力はないのでこれらの個体の適応度はゼロであり，進化の考え方か

A) Ho⁺Ho⁺遺伝子型　B) Ho⁺Hoᵖ遺伝子型　C) HoᵖHoᵖ遺伝子型

図3　角の大きさが異なる雄のソアイヒツジ
RXFP2遺伝子には，角を大型化するHo⁺と小型化するHoᵖの2つの対立遺伝子が同定されている．

らすると逆行しているようにも思える．しかし，集団の維持という観点から考えると，巣を守ることに専念している個体がいることで，ジョオウバチやジョオウアリは繁殖に専念することができる．したがって，集団としての適応度は高くなるので理に適った進化であるといえる．

e　トレードオフ

トレードオフとは，一方を得るために他方を犠牲にする原理のことである．すなわち両立できない関係性を示す概念であり，進化の過程では目的の選択とトレードオフがくり返されている．

例えばセント・キルダ島に生息する野生のソアイヒツジは，角の大きな雄の方が繁殖の成功率が高い．このヒツジの角の大きさを左右するのはRXFP2という特定の遺伝子で，角を大型化するHo⁺と小型化するHoᵖの2つの対立遺伝子が同定されている．角が大きいHo⁺遺伝子型雄の方が雌を惹きつけるため繁殖率が高いが，実は角が小さいHoᵖ遺伝子型雄の方が集団のなかで多数を占めており，こちらの雄の方が寿命が長い．これは繁殖率と生存率の間のトレードオフの例である（図3）．

ヒトの進化においてもトレードオフの例はいくつかあげられる（**4d**も参照）．例えば，ヒトは直立二足歩行になったために，それまで前脚で支えていた上半身の重さを腰にある背骨で支えることになり，腰痛という病を多くの人が経験するようになった．内臓が垂れ下がって起こる胃下垂や，筋肉が弱ったところから腸が飛び出す鼠径ヘルニア，血管が圧迫されて起こる痔なども二足歩行による身体的構造変化の代償である．また，哺乳類のなかでヒトが最も難産である理由も，二足歩行と脳容積の拡大によるトレードオフと考えられている．

3　突然変異

a　遺伝子の変異と進化

突然変異とは，生物のもつ遺伝子の質的・量的変化またはその変化によって生じた状態のことで，特に変化が子孫に伝わった場合を指すことが多い．変異には体細胞変異と生殖細胞変異があるが，子孫に影響を及ぼすのは生殖細胞変

異のみである．生物集団全体のある1個体において，遺伝情報が突然変異を起こした場合，それがたとえ1個体であっても変異が集団全体に広まる可能性がある（**遺伝的固定**）一方で，どの子孫にも伝播しない場合もある．つまり突然変異はDNA内にランダムに生じ，それが遺伝的固定となるかどうかは偶然が決定する．

b 中立変異

自然選択に対して有利でも不利でもない変異を**中立変異**とよぶ．私たちのDNAの塩基配列に多くの突然変異が存在することは，自然選択だけでは説明しきれない．進化における突然変異の考え方は，分子進化*の**中立説**に基づいている．中立説とは木村資生により提唱された学説で，遺伝子の塩基配列の変異は，遺伝子の種類や場所にかかわらず一定の頻度で生じるとする説である．これを踏まえ現在，進化は次のように認識されている．

① 生存に不利な遺伝子変異は，自然選択によって集団から淘汰される．
② DNAに蓄積した突然変異のほとんどは中立変異であり，偶然に集団に広がった変異である．それ以外の，生存に有利でごくわずかな変異が形態レベルの進化に寄与し，ここに自然選択が働く．

*分子進化
　特定のタンパク質のアミノ酸配列を比べると，種間で違いが見られる．これは共通の祖先から分かれた後に，それぞれの種で突然変異が起こったことによる．このようなDNAやタンパク質の変化を分子進化という．

c 分子時計

赤血球の中で酸素を運搬するヘモグロビン α 鎖のアミノ酸配列を，ヒトとさまざまな動物との間で比較すると，ゴリラとのアミノ酸の違いは1個であるのに対し，サメとは79個異なっている．図4に示す通り，系統的に遠い生物ほど，異なるアミノ酸の数が多い．

このように，ある特定のタンパク質をさまざまな動物間で比較し，異なるアミノ酸数（アミノ酸置換数）を縦軸，比較した生物の分岐年代を横軸にとってグラフ化すると両者の間には直線関係が見られる（図5）．つまり，DNAやアミノ酸は時間の経過とともに変異を蓄積することから，この関係に基づいて生物間の分岐年代を推定することが可能となる．

ヘモグロビン α 鎖の例のように，生物の進化に伴って時系列で変異する遺伝子（タンパク質）を**分子時計**とよぶ．中立変異の場合には変異の確率は一定であるが，個体の生存性を低下させる変異は淘汰されるため，タンパク質の機能に重要なアミノ酸の置換率は低くなる．また同じ理由により，タンパク質によってもアミノ酸の置換速度は異なっている．現在では，動物種によって変異の速度が異なることも明らかになっており，分子時計を用いた分岐年代の推定のため

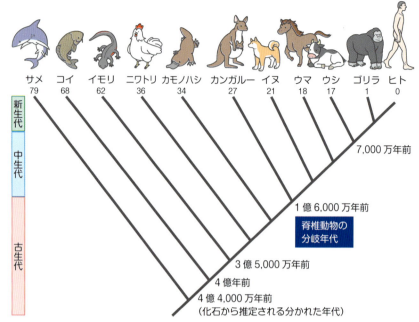

図4 脊椎動物の系統樹とヘモグロビンα鎖アミノ酸配列の比較
動物名の下の数字はヒトヘモグロビンのアミノ酸と異なるアミノ酸の数.

には多角的な解析が必要であると考えられている.

d 遺伝的浮動

遺伝的浮動とは,偶然による親世代と子世代の対立遺伝子頻度の変動のことである.この変動は生物の生存にとって有利か不利かに関係なく無作為に起こるため,自然選択の効果は含まれていない.次世代の対立遺伝子は,減数分裂における遺伝子組換えによって親世代の対立遺伝子から無作為に抽出される.どの対立遺伝子をもつ個体が生殖可能年齢まで生き残り,繁殖に成功するかは,偶然によって決定されていると考えることができる.

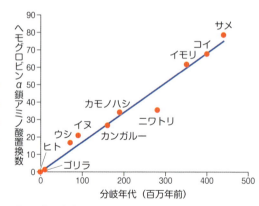

図5 分子時計

15章

集団として個体数が大きい場合は、遺伝的浮動によって特定の遺伝子をもつ個体の割合が極端に多くなったり少なくなったりすることは起こりにくいが、地理的隔離（8章参照）などによって集団サイズが小さくなった場合には、遺伝的浮動による進化が起こりやすくなる（図6）。

e 変異の浸透度

ある遺伝子変異を有する生物のうち、対応する変異表現型が出現した子孫の割合を**浸透度**という。この場合、遺伝子変異を有する全員がその表現型を示す場合は、浸透度は100％である。一方、遺伝子変異をもっている生物のうち、一部しか表現型が現れない場合は、浸透度は不完全（不完全浸透）ということになる。例えば浸透度50％という場合は、遺伝子変異をもつ生物の半数にしか、その形質が現れないことを意味している（図7）。

不完全浸透の遺伝子の場合は、遺伝形質が顕性であっても、また遺伝形質が

A）18個体で形成された集団 A〜D

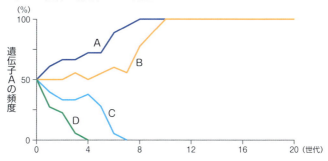

B）100個体で形成された集団 E〜K

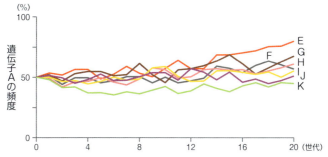

図6　集団の個体数の違いによる遺伝子Aの世代ごと出現頻度
集団の個体数が少ないほど、遺伝子頻度の変化は大きくなり遺伝的浮動が生じる。集団A, Bのようにすべての個体が遺伝子Aに置き換わることもある。一方、集団の規模が大きくなると、遺伝的浮動の影響は小さくなり、遺伝子頻度は安定化する。
「高等学校 生物」（令和5年度用）、啓林館より引用。

195

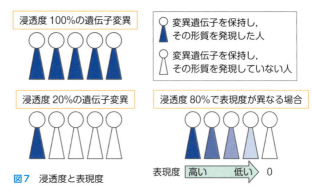

図7　浸透度と表現度

潜性かつ両染色体上にある場合（ホモ）であっても発現しないことがある．例えば乳がんのリスク上昇に関連するBRCA1遺伝子に変異をもつ人の多くは，生涯のうちにがんを発症することが知られているが，実際には発症しない人もいる（浸透度80％）．また，同じ遺伝子変異でも浸透度に個人差がみられる場合や浸透度が年齢によって異なる場合もある．これらの違いは，遺伝的・環境的・生活習慣的な要因の組合わせが関与するものと考えられている．

　一方，浸透した形質がどの程度，表現型として現れているのかを**表現度**とよぶ．図7で示したように浸透度が80％でも表現型への影響が少ない場合は表現度としては低くなる．

4　ヒトの進化（図8）

a　霊長類の誕生

　約6,600万年前，白亜紀末に地球上の動植物は大量に絶滅したが，その状況を生き延びた哺乳類のなかに，霊長類（サル目）の祖先がいた．霊長類は，その後，新生代前期に昼行性の樹上生活動物として多様化した．樹上生活に対応し，多くの霊長類は四肢に平爪の付いた5本の指があり，親指が他の指と向かい合っている（**母指対向性**）．また眼が顔の前面に位置していることも特徴であり，事物を立体的に捉えることができる．視覚が発達したことによって脳に入る情報量が増え，それらが脳を発達させていった．このような霊長類の一部が森林生活から地上に降りて生活をはじめ，人類へ進化したと考えられている．

b　類人猿とヒトの進化

　霊長類のなかでもヒトに最も近縁な霊長類は類人猿（サル目ヒト上科）であり，そのなかでもチンパンジーやボノボが最も近縁である．人類とチンパンジー

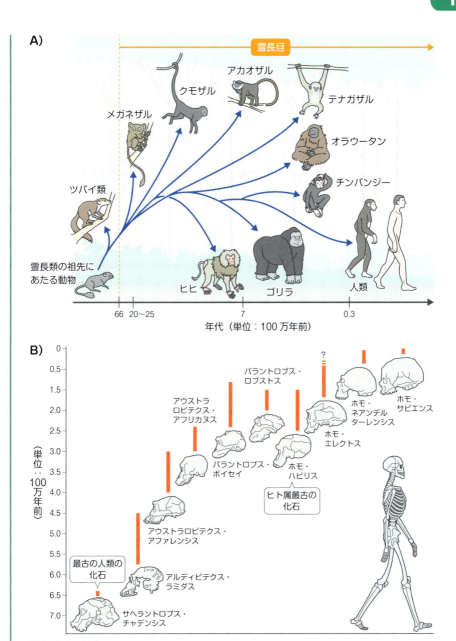

図8 ヒトの進化
A)「高等学校 生物」(令和5年度用), 啓林館より引用. B)「エッセンシャル・キャンベル生物学 原著6版」, 丸善出版, 2016を参考に作成.

の系統が分かれたのは約700万年前とされており，アフリカで見つかった最古の人類の化石とされるサヘラントロプスの頭蓋骨の形状から，この頃にはすでに **直立二足歩行** をしていたと考えられている．常習的に直立二足歩行する能力の獲得は，類人猿とヒトとを明確に分けた．さらに下肢の膝関節が外側に反るように変異（**外反角**）したため，両膝の距離が近くなり，重心がぶれずに踵を蹴ってつま先から降りる，すばやい歩行（ストライド歩行）が可能になった（図9）．これは後の言語能力の獲得とともに，ヒトの進化の最も重要な特徴の1つである．直立二足歩行によって上肢が自由に動かせるようになり，手指の巧妙な動きが可能となった．巧みに動く手を使って人類は道具をつくり出し，火を利用するようになった．火を使った食生活に変化したことで，咀嚼筋が退化して顎が小型化し，頤（オトガイ）が形成されるようになったことも特徴的である．

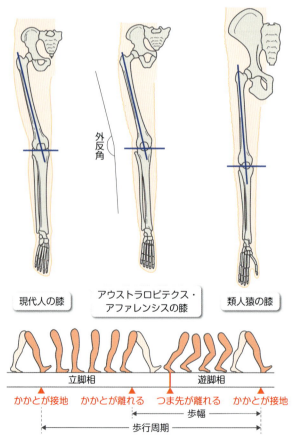

図9 膝関節の変化とスライド歩行

c ヒト属の出現

ヒト属（ホモ属）は，約300万年前のアフリカで出現したと考えられており，古人類学者はホモ・ハビリスをヒト属最古の化石としている．ヒト属の一種**ホモ・エレクトス**はアジアへも生息域を広げてジャワ原人，北京原人となったと考えられているが，すべて絶滅したようである．現生人類であるヒト（**ホモ・サピエンス**）の起源もアフリカであることが，モロッコの約30万年前の地層から出土した化石によって示されている．

d ヒトの進化とトレードオフ

現在のヒトの身体は，このように長い時間をかけて進化した結果できあがったものであるが，その過程では2eで述べたトレードオフがくり返されている．

その顕著な例としては，咽頭腔がある（図10）．直立二足歩行能力の獲得からさらに数百万年後に起こった遺伝的変異によって，口腔と咽頭腔が直角になり，喉頭が下方に移動するという大きな解剖学的変化を起こした．これによって咽頭腔とよばれる喉の奥の共鳴空間が大きく広がり，複雑な音を発声することが可能になり，舌が自由に動かせるようになって**言語獲得**への道を大きく進めることになった（約4～5万年前）．しかし長くて広い咽頭腔は，空気と食物の共通の輸送経路としてどちらか一方しか通過させることができず，交通整理が必要な器官となった．老化などによって咽頭腔を交通整理する機能が落ちてくると，窒息死や誤嚥のリスクが格段に高まることが知られている．このように，進化は白紙から設計し直すものではなく，すでにあるものを改良して行われるため，トレードオフをくり返すことになる．

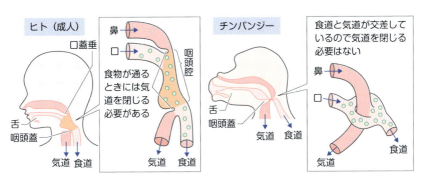

図10　ヒトとチンパンジーの咽頭腔の比較
チンパンジーは咽頭腔がほとんどないため，気道の左右を食べものがすり抜けて食道に至る構造となっている．ヒトの乳児はチンパンジーと同様に咽頭腔が短く狭いが，言葉を発するようになると咽頭蓋の位置が下がって気道と食道の共通路としての咽頭腔が長くなる．このように，ヒトは複雑な言語を手に入れたことで，誤嚥や窒息という危険も担うことになった．
「進化から見た病気」（栃内 新／著），講談社，2009より引用．

未来の人類は？

　本章ではヒトを対象に進化について考えてきた．地球温暖化や環境汚染など，地球の環境の変化は急激に進んでいる．これから数万年先まで人類が生存していたとしたら，形質はどのように変化しているだろうか．環境に適応できなければ人類は滅亡へと進む．環境変化を念頭にどのような適応を人類がしていくのか，考えてみよう．

　生物学は医学や生命科学の基礎となる知識を提供してくれる学問分野というだけではない．これまで学習してきたように，生物学を能動的に学ぶことで，私たちがなぜ生まれ，生き，時に病に倒れ，そして老いて死んでいくのか考えるための多くのヒントを得ることができる．これからも能動的態度で生物学の学習を続けていくことを期待している．それが学習者である皆さんの成長につながると確信している．

索引 INDEX

欧文

α-ヘリックス構造 105
ACP 133
ADP 126
ATP 10, 16, 125
β酸化 134
β-シート構造 105
B細胞 164
CiNii 28
Darwin 189
DNA 8, 100, 142
DNA合成期 57
DNAの複製 140
DNA複製期 57
ES細胞 84
FAD 130
FADH$_2$ 130
FSH 72
G0期 57
G1期 57
G2期 57
GLUT 47
GnRH 71
GPCR 178
Gタンパク質共役型受容体 178
Henryの法則 157
iPS細胞 86
Leydig細胞 66
LH 72
mRNA 142
M期 57
NAD$^+$ 130
NADH 130
NADP$^+$ 130
NADPH 130
NK細胞 164, 167
OPAC 27
pH調節 152
PubMed 28
RNA 8, 100, 142
RNAプロセシング 143, 145
rRNA 142
Sertoli細胞 66
SGLT 47
SRY遺伝子 62
S期 57
TCA回路 126, 128
tRNA 142
t検定 37
T細胞 164
XO型 61, 62
XY型 61
ZO型 61, 62
ZW型 61

和文

あ

アクチンフィラメント 20
アシデミア 159
アシドーシス 159
亜種 93
アシル基運搬タンパク質 133
アデニン 140
アナフィラキシー反応 172
アミノ酸 102
アルカリ血症 159
アルカレミア 159
アルカローシス 159
アレルギー 171
アレルゲン 171
安定化選択 190

い

イオンチャネル 180
イオンチャネル共役型受容体 177
異化 11, 125
異所的種分化 90
一次構造 103
一次性能動輸送 182
一次精母細胞 64
一次卵母細胞 64
医中誌Web 28
遺伝 137
遺伝子 137
遺伝子型 10, 139
遺伝子座 139
遺伝子発現 10, 143
遺伝子変異 149
遺伝的固定 193
遺伝的浮動 90, 194
陰核 69
陰茎 68
インテグリン 117
イントロン 143

201

陰囊 ……………………… 68

う

ウラシル ………………… 142

え

エイコサノイド ………… 112
栄養生殖 ………………… 59
栄養段階 ………………… 122
栄養膜合胞体層 ………… 75
栄養膜細胞層 …………… 75
エキソサイトーシス …… 22
エキソン ………………… 143
エストロゲン …………… 72
エネルギー循環 ………… 119
エネルギー代謝 ………… 125
塩基 ……………………… 153
沿軸中胚葉 ……………… 79
炎症反応 ………………… 167
エンドサイトーシス … 19, 22

お

黄体ホルモン …………… 72
黄体期 …………………… 70
黄体形成ホルモン ……… 72
横紋筋 …………………… 82
オートファジー ……… 19, 24
岡崎フラグメント ……… 143
雄ヘテロ ……………… 61, 62
オスモル濃度 …………… 43
温度依存型性決定機構 … 61
温度感受性チャネル …… 181

か

界 ………………………… 94
階級 ……………………… 94
外呼吸 …………………… 126
外性器 …………………… 68
階層 ……………………… 94
解糖系 ……………… 126, 127
外胚葉 …………………… 78
解離定数 ………………… 154
化学シナプス …………… 186
化学的防御 ……………… 165
化学当量 ………………… 40
核 ………………………… 15
拡散 ……………………… 41
核酸 ………………… 8, 100
学術雑誌 ………………… 27
核小体 …………………… 15
獲得免疫 …………… 163, 168
核内受容体 ……………… 179
核膜 ……………………… 15
核膜孔 …………………… 15
隔離 ……………………… 91
活性部位 ………………… 113
活動電位 ………………… 185
滑面小胞体 ……………… 17
鎌状赤血球貧血症 ……… 150
顆粒球 …………………… 163
感覚器 …………………… 179
感覚細胞 ………………… 179
間期 …………………… 21, 56
幹細胞 …………………… 84
観察 ……………………… 27
緩衝液 …………………… 154
緩衝作用 ………………… 154

カルビン・ベンソン回路
　………………………… 123

き

キアズマ ………………… 62
機械刺激依存性チャネル
　………………………… 181
基質特異性 ……………… 113
基礎代謝 ………………… 125
基底部 …………………… 81
基本転写因子 …………… 144
木村資生 ………………… 193
キャップ構造 …………… 145
強塩基 …………………… 153
強酸 ……………………… 153
胸腺 ……………………… 164
鏡像異性体 ……………… 102
極性 ……………………… 81
極体 ……………………… 64
極微小管 ………………… 54
筋組織 …………………… 82

く

グアニン ………………… 140
クエン酸回路 ……… 126, 128
グランザイム …………… 168
グリア …………………… 83
グリコーゲン合成 ……… 132
グリコーゲン分解 ……… 132
クリステ ………………… 16
グルコース濃度 ………… 33
クロマチン ……………… 49
クロロフィル …………… 123

け

- 形質 137
- 系統 94
- 系統樹 97
- 血液 82
- 血液型 115
- 月経期 70
- 月経周期 70
- 結合組織 81
- 欠失 149
- 血糖値 33
- 原核細胞 10
- 嫌気呼吸 126
- 嫌気的解糖 126, 127
- 原始線条 78
- 原始卵黄嚢 75
- 減数分裂 51, 62
- 顕性の法則 137, 138
- 原腸陥入 78

こ

- 高エネルギーリン酸結合 126
- 光化学系反応 123
- 後期 52
- 好気呼吸 126
- 好気的解糖 126
- 抗原 168, 169
- 抗原抗体反応 169
- 抗原提示 169
- 光合成 123
- 光合成色素 123
- 交叉 62
- 恒常性 11

- 酵素 113
- 酵素共役型受容体 177
- 抗体 169, 170
- 好中球 163
- 高張 44
- 光リン酸化 124
- 呼吸性アシドーシス 159
- 呼吸性アルカローシス 159
- 個体数ピラミッド 123
- 骨格筋 82
- 骨髄 164
- コドン 146
- ゴナドトロピン 72
- ゴナドトロピン放出ホルモン 71
- ゴルジ体 18

さ

- 鰓弓 79
- 再吸収 42
- サイクリン 57
- サイクリン依存性キナーゼ 57
- サイトカイン 170, 187
- 最頻値 34
- 細胞 10
- 細胞呼吸 11, 16, 126
- 細胞骨格 20
- 細胞質分裂 55
- 細胞周期 21, 56
- 細胞性免疫 168, 169
- 細胞内受容体 179
- 細胞分裂 51
- 細胞分裂期 51, 52
- 細胞分裂周期 56

- 細胞膜 14, 116
- 細網組織 81
- サイレント変異 149
- 雑種 92
- 雑種崩壊 92
- 差の検定 36
- 酸 153
- 酸塩基平衡 154
- 酸化的リン酸化 129
- 酸血症 159
- 三次構造 105

し

- 子宮 68
- シグナル伝達 175
- シグナル伝達物質 183
- シグナル分子 183
- 始原生殖細胞 63, 64
- 自己 163
- 自己分泌 185
- 支持組織 81
- 脂質 100, 108
- 脂質二重層 15
- 自然選択 90, 150, 190
- 自然免疫 163, 166
- 実験 27
- 質量パーセント濃度 40
- シトシン 140
- シナプス 83, 185
- シナプトネマ構造 62
- 脂肪酸 108
- 脂肪の合成 133
- 脂肪の分解 133
- 姉妹染色分体 55
- 弱塩基 153

203

弱酸	153	
種	88	
終期	52	
絨毛	75	
樹状細胞	163, 164	
種小名	98	
受精	59, 60, 61, 75	
受精卵	61, 64	
出芽	59	
受動拡散	183	
受動輸送	22, 45, 182	
種分化	90	
種名	98	
受容器	179	
受容体	177	
小陰唇	69	
娘細胞	55	
脂溶性シグナル分子	175	
脂溶性ビタミン	112	
娘染色体	55	
常染色体	139	
消費者	119	
上皮組織	80	
小胞体	16	
食作用	163	
植物繊維（食物繊維）	105, 106	
食物網	122	
食物連鎖	122	
女性前核	75	
進化	8, 150, 189	
真核細胞	10	
進化論	189	
心筋	82	
神経管	83	

神経膠細胞	83	
神経細胞	83	
神経組織	83	
神経堤	83	
神経伝達	185	
神経伝達物質	186	
人工多能性幹細胞	86	
親水性	15	
浸透	43	
浸透圧	43	
浸透度	195	

す

随意筋	82
水溶性シグナル分子	175
ステロイド	108
ステロイドホルモン	111
ストロマ	123
スフィンゴ脂質	108
スプライシング	145

せ

生活環	11
正規分布	35
生産者	119
生産速度ピラミッド	123
精子	63
精子細胞	64
星状体	52
星状体微小管	54
生殖隔離	91
生殖腺	65
静水圧	42
性腺刺激ホルモン	72

性腺刺激ホルモン放出ホルモン	71	
性染色体	61, 139	
精巣	65	
精祖細胞	63	
生態系	119	
生態ピラミッド	122	
生体防御	162	
生物学的ピラミッド	122	
生物濃縮	122	
生物量ピラミッド	123	
性ホルモン	71	
赤道面	54	
接合	60	
絶対値	34	
セルトリ細胞	66	
線維性結合組織	81	
前期	52	
染色体	15, 49	
選択的スプライシング	146	
前中期	52	
セントラルドグマ	143	
セントロメア	53	
全能性	84	

そ

走化性	166
桑実胚	75
増殖期	70
蔵書検索システム	27
相同染色体	62, 138
挿入	149
促進拡散	183
属名	98
疎水性	15

INDEX

疎性結合組織 ……………… 81
粗面小胞体 ……………… 17

た

ダーウィン ……………… 189
第一卵割 ……………… 75
大陰唇 ……………… 69
体液 ……………… 152
体液性免疫 ……………… 168, 169
体細胞分裂 ……………… 51
体細胞分裂期 ……………… 57
体細胞変異 ……………… 150
代謝 ……………… 10, 11, 125
代謝性アシドーシス ……… 159
代謝性アルカローシス …… 160
体性幹細胞 ……………… 84
体節 ……………… 79
胎盤 ……………… 78
代表値 ……………… 34
対立遺伝子 ……………… 139
対立形質 ……………… 137
タクソン ……………… 94
多重比較 ……………… 37
多糖類 ……………… 106
多様性 ……………… 10
単為生殖 ……………… 60
単球 ……………… 163
炭酸同化 ……………… 124
胆汁酸 ……………… 112
単純拡散 ……………… 183
炭水化物 ……………… 100, 105
弾性結合組織 ……………… 81
男性前核 ……………… 75
炭素循環 ……………… 120
担体 ……………… 47

単糖類 ……………… 106
タンパク質 ……………… 100

ち

チェックポイント機構 …… 57
置換 ……………… 149
恥丘 ……………… 68
腟前庭 ……………… 69
窒素固定 ……………… 120
窒素循環 ……………… 120
窒素同化 ……………… 120
チミン ……………… 140
チャネル ……………… 46, 180
中央値 ……………… 34
中間径フィラメント ……… 20
中期 ……………… 52
中心体 ……………… 19, 52
中枢神経系 ……………… 83
中性脂肪 ……………… 108, 111
中胚葉 ……………… 78
中立説 ……………… 193
中立変異 ……………… 193
頂部 ……………… 81
直立二足歩行 ……………… 198
チラコイド ……………… 123

て

低張 ……………… 44
適応 ……………… 190
適応度 ……………… 190
適応免疫 ……………… 168
適刺激 ……………… 179
テストステロン ……………… 72
デトリタス ……………… 119

電位依存性チャネル …… 181
電解質 ……………… 41
電気シナプス ……………… 186
電子伝達系 ……… 123, 126, 128
転写 ……………… 143
転写因子受容体 ……………… 179
転写調節因子 ……………… 144
転写調節領域 ……… 144, 145

と

同化 ……………… 11, 125
動原体 ……………… 53
動原体微小管 ……………… 54
糖鎖修飾 ……………… 114
糖脂質 ……………… 115
糖質 ……………… 105, 106, 108
同所的種分化 ……………… 90
糖新生 ……………… 132
糖タンパク質 ……………… 114
等張 ……………… 44
当量 ……………… 40
独立の法則 ……… 137, 138
突然変異 ……………… 192
トランスファーRNA …… 142
トランスポーター ……………… 47
トリプレット ……………… 146
トレードオフ ……… 192, 199
貪食 ……………… 163

な

内呼吸 ……………… 126
内在性タンパク質 ……… 116
内胚葉 ……………… 78
内分泌 ……………… 184

205

内膜 16
ナチュラルキラー細胞
　　　　　　　　............................. 164, 167
軟骨 81
ナンセンス変異 149

に

二価染色体 62
二元性 10
ニコチンアミドアデニン
　　ジヌクレオチド 130
ニコチンアミドアデニン
　　ジヌクレオチドリン酸
　　.. 130
二次構造 105
二次性能動輸送 47, 182
二次精母細胞 64
二次卵黄嚢 75
二次卵母細胞 64
ニッチ 89
二糖類 106
二倍体 60
二名法 98
ニューロン 83

ぬ

ヌクレオチド 8, 140

の

能動輸送 22, 44, 181

は

パーフォリン 168
胚外中胚葉 75
配偶子 59, 60

胚性幹細胞 84
胚盤胞 75
胚盤胞腔 75
胚盤葉下層 75
胚盤葉上層 75
排卵期 70
パターン認識受容体 167
白血球 163
バッファー 154
半透性 43
半透膜 43

ひ

非自己 163
微小管 20
非電解質 41
ヒト属 199
ヒトの進化 196
肥満細胞 172
表現型 10, 139
表現度 196
表在性タンパク質 116
標準偏差 35

ふ

フィードバック調節 .. 11, 184
複合脂質 108
複合糖質 108, 114
不随意筋 82
物質代謝 125
物理的防御 165
普遍性 10
フラビンアデニン
　　ジヌクレオチド 130
フレームシフト 150

プロゲステロン 72
プロテオグリカン 115
プロモーター 143
分解系 24
分解者 119
分散 34
分散分析 37
分子時計 193
分断的選択 191
分泌期 70
分離の法則 137, 138
分類 94
分類群 94
分裂 59
分裂期 21

へ

平滑筋 82
平均絶対偏差 34
平均値 34
平衡状態 153
平衡電位 46
ヘテロ接合体 139
ペプチド 100
ペントースリン酸回路 .. 133
ヘンリーの法則 157

ほ

補因子 114
方向性選択 191
紡錘体 52, 53
胞胚 75
胞胚腔 75
傍分泌 185

補酵素 129
補酵素A 132
母指対向性 196
母集団 37
骨 81
ホメオスタシス 11
ホモ接合体 139
ポリA鎖 145
ホルモン 184
ポンプ 44
翻訳 143, 146
翻訳後修飾 143, 148

ま

膜貫通タンパク質 117
膜脂質 111
膜マイクロドメイン 116
マクロファージ 163
マスト細胞 172
末梢神経系 83
マトリクス 16

み

ミスセンス変異 149
ミトコンドリア 16

む

無性生殖 59

め

雌ヘテロ 61, 62

メッセンジャーRNA 142
免疫 162
免疫グロブリン 170

も

モル濃度 40

ゆ

有糸分裂 51
有性生殖 60
優性の法則 137, 138
遊走 166
輸送脂質 111
ユビキチン・プロテアソーム系 24

よ

羊水 75
容積パーセント濃度 40
羊膜腔 75
葉緑体 123
四次構造 105

ら

ライディッヒ細胞 66
ラギング鎖 143
卵割 75
卵管 67
卵管膨大部 75
卵子 64
卵巣 66
卵巣周期 69

卵祖細胞 64
卵胞 67
卵胞期 70
卵胞細胞 64
卵胞刺激ホルモン 72
卵胞ホルモン 72
卵母細胞 64

り

リーディング鎖 143
リガンド依存性チャネル 180
リソソーム 19
利他的行動 191
リボソーム 16
リボソームRNA 142
流動モザイクモデル 116
リン脂質 108
リンパ球 163, 164
リンパ節 164

る

類人猿 196

れ

霊長類 196

ろ

濾過 42

わ

ワクチン 172

著者プロフィール

※所属は執筆時のもの

鯉淵典之(Noriyuki KOIBUCHI)

群馬大学大学院医学系研究科応用生理学教授,群馬大学副学長(医学教育・評価担当),日本生理学会認定卓越エデュケーター.群馬大学医学部医学科を卒業後,獨協医科大学助手~助教授,ハーバード大学 Visiting Assistant Professor を経て現職.専門は環境生理学,内分泌代謝学,毒性学,医学教育学.教育では1年次の生物学から5年次の臨床実習まで授業を担当.多くの教科書も執筆している.趣味は旅行,マラソン,登山,卓球,学生と飲むこと.

山本華子(Hanako YAMAMOTO)

群馬大学大学院医学系研究科助教.東京大学大学院医学系研究科博士課程修了後,JST 科学技術特別研究員,国立がんセンター研究所研究員,東京大学大学院医学系研究科助教を経て現職.同大学では医学教育開発学講座と基礎医学系講座を兼任し,教育活動とともに基礎研究を継続.専門は細胞生物学,分子生物学.これまでに分裂酵母,各種がん細胞,ES 細胞,初代神経幹細胞など,さまざまな細胞を用いた研究を実施.現在は,アクアポリン2遺伝子改変マウスの生理学的解析にも着手している.

フレッシュ生物学
アクティブラーニングで生物学的な考え方を身につけよう

2025年2月15日 第1刷発行	著 者	鯉淵典之,山本華子
	発行人	一戸敦子
	発行所	株式会社 羊 土 社
		〒101-0052
		東京都千代田区神田小川町2-5-1
		TEL 03(5282)1211
		FAX 03(5282)1212
		E-mail eigyo@yodosha.co.jp
ⓒ YODOSHA CO., LTD. 2025		URL https://www.yodosha.co.jp/
Printed in Japan	装 幀	羊土社編集部デザイン室
ISBN978-4-7581-2178-1	印刷所	日経印刷株式会社

本書に掲載する著作物の複製権,上映権,譲渡権,公衆送信権(送信可能化権を含む)は(株)羊土社が保有します.
本書を無断で複製する行為(コピー,スキャン,デジタルデータ化など)は,著作権法上での限られた例外(「私的使用のための複製」など)を除き禁じられています.研究活動,診療を含む業務上使用する目的で上記の行為を行うことは大学,病院,企業などにおける内部的な利用であっても,私的使用には該当せず,違法です.また私的使用のためであっても,代行業者等の第三者に依頼して上記の行為を行うことは違法となります.

JCOPY <(社)出版者著作権管理機構 委託出版物>
本書の無断複写は著作権法上での例外を除き禁じられています.複写される場合は,そのつど事前に,(社)出版者著作権管理機構(TEL 03-5244-5088,FAX 03-5244-5089,e-mail:info@jcopy.or.jp)の許諾を得てください.

乱丁,落丁,印刷の不具合はお取り替えいたします.小社までご連絡ください.